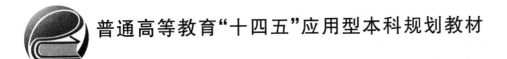普通高等教育"十四五"应用型本科规划教材

通用航空发动机原理与构造
（第 2 版）

董彦非　主编

北京航空航天大学出版社

内 容 简 介

本书根据通用航空发动机发展的趋势和特点,以非飞行器动力工程专业学习航空发动机知识为目标,全面系统地讲述了通用航空发动机中活塞式发动机和燃气涡轮发动机的原理与基本构造,以及航空发动机工作系统和试验等内容。

本书可作为高等院校飞行器类专业以及涉航各专业的教材,也可供研究人员、工程技术人员及有关管理人员参考。

图书在版编目(CIP)数据

通用航空发动机原理与构造 / 董彦非主编. -- 2 版

. -- 北京 :北京航空航天大学出版社,2021.6

ISBN 978 - 7 - 5124 - 3519 - 3

Ⅰ. ①通… Ⅱ. ①董… Ⅲ. ①航空发动机－理论－高等学校－教材②航空发动机－构造－高等学校－教材

Ⅳ. ①V23

中国版本图书馆 CIP 数据核字(2021)第 091878 号

通用航空发动机原理与构造(第 2 版)
董彦非 主编
策划编辑 冯 颖 责任编辑 冯 颖

*

北京航空航天大学出版社出版发行

北京市海淀区学院路 37 号(邮编 100191) http://www.buaapress.com.cn
发行部电话:(010)82317024 传真:(010)82328026
读者信箱:goodtextbook@126.com 邮购电话:(010)82316936
涿州市新华印刷有限公司印装 各地书店经销

*

开本:787×1 092 1/16 印张:14 字数:358 千字
2021 年 7 月第 2 版 2024 年 1 月第 3 次印刷 印数:4 001～6 000 册
ISBN 978 - 7 - 5124 - 3519 - 3 定价:45.00 元

第 2 版前言

本书自 2018 年首次出版以来,被多所院校选作教材,并取得了良好的使用效果。在用作非飞行器动力工程专业学习航空发动机知识的主要教材的同时,本书凭借良好的可读性和较宽的知识面也成为飞行器动力工程专业学生拓展阅读的重要读物。

在使用中,部分教师和学生针对教材结构、内容和资源配套等方面也提出了一些意见和建议。在听取各方面意见的基础上,本次修订在保留第 1 版优点和特色的同时,做了许多优化和改进,主要包括:

(1) 整体结构体系调整,可读性、易读性进一步提高。为了更利于授课内容和课时安排,将原来的 10 章内容重组为 8 章,同时增加了附录。附录内容主要包括第 1 版第 10 章的航空发动机机型介绍。教材在保证内容科学性的同时,言简意赅、语句生动、讲解深入浅出。

(2) 对教材内容和配套 PPT 课件进行了全面更新。教材内容总体有增有减,在其他类型发动机简介中增加了航空电机动力系统的知识,在燃气涡轮发动机构造中增加了辅助动力装置(APU)功能和构造的介绍,弱化了航空发动机控制和仪表的内容。PPT 课件进一步完善了动画、图片和视频。

(3) 增加了数字资源。为了提升学习效果,本教材在一些重点知识点的位置嵌入了二维码,链接了学习资源(彩图、动图、视频等)。

感谢本书第 1 版读者的厚爱及所提出的宝贵意见。本书第 2 版由董彦非主编、统稿,马鹏飞负责数字资源的整理。限于编写人员水平有限,书中不妥之处敬请读者批评指正。

编 者

2021 年 2 月

第1版前言

2016年，国务院办公厅印发的《关于促进通用航空业发展的指导意见》对大力发展通用航空业作出了部署，并提出到2020年，通用航空器研发制造水平和自主化率有较大提升，国产通用航空器在通用航空机队中的比例明显提高，通用航空业经济规模超过1万亿元，初步形成安全、有序、协调的发展格局。作为通用航空核心之一的航空发动机也将随着通用航空产业的蓬勃发展，迎来新的发展机遇，前景广阔。

通用航空发动机有自己的发展特点。例如，活塞发动机在通用航空发动机中占统治地位；通用航空发动机使用类型最全面，从活塞、涡喷、涡扇、涡桨、涡轴乃至桨扇发动机等都是通用航空飞机选用的对象；从尺寸或者推力（功率）大小上看，通用航空发动机以中小型发动机为主。

长期以来，涉航的非飞行器动力专业一直没有一本能够全面讲解航空发动机原理和构造的教材。针对飞行器动力工程专业编写的教材，一是难度大，往往需要大量的前导知识才能学懂；二是程序深，超出非本专业学生需要；三是教材分散，所需学习的内容往往分布在多种不同侧重的教材中。此外，专业性强的教材往往可读性较差。为此，我们以非飞行器动力专业为主要对象，基于通用航空发展的趋势和特点，编写了这本教材。本教材具有以下两个特点：

1. 全面　涉及的航空发动机类型包括活塞式和燃气涡轮（涡喷、涡扇、涡桨、涡轴），内容包括原理和构造，囊括了非本专业学生所需掌握的全部航空发动机内容；

2. 易懂　教材面向非飞行器动力专业，不需要前导知识，图文并茂，容易理解，可读性较强。

本书共分10章，由董彦非主编、统稿，其中董彦非编写第1章、第6章（6.2节）、第9章（9.1和9.2节）、第10章；薛倩编写第4章、第5章、第6章（6.1节）；

王蕾编写第 2 章、第 3 章;杜砾编写第 7 章、第 9 章(9.3 节);马鹏飞编写第 8 章;刘思佳编写第 6 章(6.3 节)。此外,黄明同学参与了部分章节资料收集整理和绘图工作。

　　本书的出版得到了通用航空工程技术中心基金资助,编写过程中参考了大量书籍、论文和网络资料,在此,谨对相关作者深表谢意。限于编著人员水平有限,书中不妥之处,敬请读者批评指正。

编　者

2018 年 1 月

目　录

第 1 章

通用航空发动机概述

1.1 通用航空飞机及其发动机类型

通用航空涵盖范围很大。2003 年 5 月 1 日颁布的《中华人民共和国通用航空飞行管制条例》对通用航空的定义如下:除军事、警务、海关缉私飞行和公共航空运输飞行以外的航空活动,包括从事工业、农业、林业、渔业、矿业、建筑业的作业飞行和医疗卫生、抢险救灾、气象探测、海洋监测、科学实验、遥感测绘、教育训练、文化体育、旅游观光等方面的飞行活动。

由于通用航空用途广泛,通用飞机的构型也千差万别。从飞机类型上可以分为固定翼飞机和旋翼飞行器(主要指直升机,多旋翼目前主要用于无人机)两大类。

为航空器提供推力(或拉力)、推动航空器前进的装置称航空动力装置(aircraft power plant),通常由推进系统(propulsion system)、发动机启动系统、发动机供油系统、发动机操纵/控制系统、发动机外滑油系统、功率传输装置等组成。因发动机类型不同,有的仅由其中的部分系统和设备组成。航空发动机是航空动力装置的核心,被称为飞机的"心脏"。

推进系统由航空发动机和进、排气装置或推进器组成。推进器是将发动机输出的机械能转变成推进功的装置。喷气式飞机上,空气喷气发动机和进、排气系统组成推进系统。螺旋桨飞机上,活塞式航空发动机或涡轮螺旋桨发动机和空气螺旋桨组成推进系统。

固定翼飞机按照发动机类型主要可以分为活塞式飞机、涡桨式飞机和喷气式飞机。直升机按照所用发动机类型可以分为活塞式直升机和涡轴式直升机。

美国通用航空制造商协会(General Aviation Manufacturers Association,GAMA)通常按照发动机类型和发动机数量对通用飞机进行分类,分别为单发活塞式、多发活塞式、涡桨式和喷气式公务机。除了少数公务机尺寸比较大以外,通用飞机多数属于中小型飞机。

按照用途分类,GAMA 将符合美国联邦航空条例(FAR)91 部的通用航空使用类型分为私人飞行、公务飞行、企业飞行、教练飞行、航空应用、航空观测、其他空中巡视类飞行、吊挂飞行、其他作业类飞行、航空观光、航空医疗救助及其他。将按照 FAR 135 部运营方式划分的通勤类和商业租用的使用类型分为飞行出租、航空旅行和航空医疗救助。

中国 2007 年 2 月 14 日起施行的《通用航空经营许可管理规定》(CCAR - 135TR - R3)第五条规定,通用航空经营用途划分为甲、乙、丙和航空俱乐部四类,见表 1 - 1。

目前使用最多、占统治地位的通用航空发动机主要有燃气涡轮发动机(包括涡轮喷气发动机、涡轮风扇发动机、涡轮螺旋桨发动机、涡轮轴发动机等)和活塞式内燃机两大类,如图 1 - 1所示。这两类发动机都属于热机,把燃料化学能转换成机械能的设备。除上述两类主流发动机,其他类型的发动机还有火箭发动机、多(全)电发动机、冲压发动机、脉冲爆震发动机(详见

第8章)以及由锂电池、燃料电池、太阳能等电力驱动的发动机。

表1-1 国内通用航空用途分类

分 类	通用航空经营项目范围
甲类	陆上石油服务、海上石油服务、直升机机外载荷飞行、人工降水、医疗救护、航空探矿、空中游览、公务飞行、私用或商用飞行驾驶执照培训、直升机引航作业、航空器代管、出租飞行、通用航空包机飞行
乙类	航空摄影、空中广告、海洋监测、渔业飞行、气象探测、科学实验、城市消防、空中巡查
丙类	飞机播种、空中施肥、空中喷洒植物生长调节剂、空中除草、防治农林业病虫害、草原灭鼠、防治卫生害虫、航空护林、空中拍照
航空俱乐部类	使用限制类适航证的航空器和轻于空气的航空器从事私用飞行驾驶执照培训、航空运动训练飞行、航空运动表演飞行、个人娱乐飞行

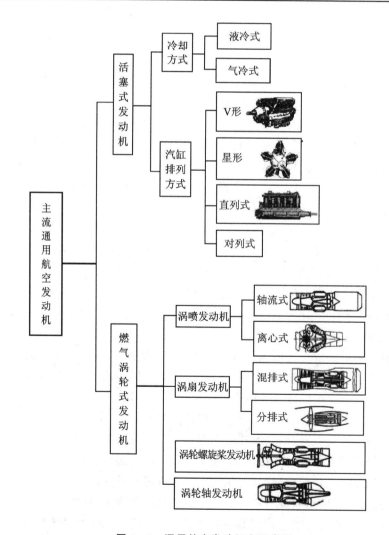

图1-1 通用航空发动机主要类型

1.2　通用航空发动机的发展

在人类的科技发展史中,热机经过了三次大的突破,最早是蒸汽机,属于外燃机;第二次革命是内燃机,包括汽油机和柴油发动机;第三次革命是随着人类对飞行器速度的追求,应运而生的燃气涡轮发动机。蒸汽机由于体积大、质量重、效率低,难以应用在航空飞行器上。

航空发动机的发展历程大概可分为两个时期。第一个时期是从莱特兄弟 1903 年 12 月 17 日的首次载人动力飞行开始到第二次世界大战末期,"活塞式发动机＋螺旋桨"组合方式发展壮大,成为一种固定的飞机推进方式。在这个时期内,活塞式航空发动机"统治"了 40 年左右。第二个时期是从第二次世界大战结束至今,航空燃气涡轮发动机逐渐取代了活塞式发动机的霸主地位,开创了喷气时代,成为航空发动机的主流。

1.2.1　开创飞行纪元的活塞式发动机

莱特兄弟的"飞行者"一号所用的发动机出自一位普通的修理技工查尔斯·泰勒(Charles Taylor)之手。这是一台设有自动进气阀的液(水)冷、四缸、四冲程直排卧式活塞式汽油发动机(见图 1-2),汽缸内径 101.5 mm,冲程 104.8 mm,排量 3.398 L,压缩比 4.4,长期工作功率 8.95 kW,短期可达 12 kW,净质量 64 kg(无燃料),工作质量 81 kg(带燃料、水和附件),功重比*约为 0.11 kW/daN。发动机通过两根链条,带动两个直径为 2.6 m 的木制螺旋桨驱动"飞行者"一号实现了人类历史上第一次有动力、载人、持续、稳定、可操纵、重于空气的飞行器成功飞行。

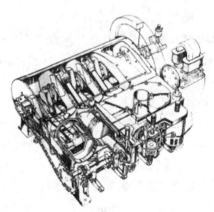

图 1-2　"飞行者"一号的活塞式汽油发动机及其结构

活塞式发动机按汽缸头的冷却方式可分为液(水)冷式和气(空气)冷式。

1. 液冷式活塞式发动机

早期飞机的飞行速度很低,气冷方式实现困难,故多采用液冷式发动机。液冷式发动机的冷却方法是在汽缸外壁面加水套,用外部循环水进行冷却。直至今日,这种方式还普遍应用在

---

* 功重比,指发动机有效功率与自身质量的重力比值。先进的活塞式发动机的功重比可达 1.85 kW/daN。daN 为力的单位,1 daN=10 N。

汽车、轮船用活塞式发动机上。

液冷方式虽然简单有效,但必须设置一个循环冷却系统,除了水箱、水泵、空气散热器和相应的管路系统外,还要带上一箱沉重的冷却水,对于每一克质量都要斤斤计较的飞机设计师而言,无疑是弃之而后快的。但液冷式发动机迎风面积小,空气阻力也小,在整流罩技术广泛应用之前,对于追求速度的作战飞机具有很大的优势。

第一次世界大战的爆发,极大地推动了航空工业的发展。由于战争参与国主要在欧洲,所以美国虽然发明了动力飞机并且制造了第一架军用飞机,但其航空工业并不领先,而法国在当时处于领先地位。在前线的美国航空中队的 6 287 架飞机中有 4 791 架是法国飞机,如装备伊斯潘诺—西扎 V 形液冷发动机的"斯佩德"战斗机。这种发动机的功率已达 130～220 kW,功重比为 0.7 kW/daN 左右,飞机速度超过 200 km/h,升限 6 650 m。

在两次世界大战之间,在活塞式发动机领域的几项重要发明为大幅提高发动机和飞机的性能创造了条件:

① 发动机整流罩,既减小了飞机阻力,又解决了气冷发动机的冷却困难问题,甚至可以设计两排或四排汽缸的发动机,为增加功率创造了条件;

② 废气涡轮增压器,提高了高空条件下的进气压力,改善了发动机的高空性能;

③ 变距螺旋桨,可增加螺旋桨的效率和发动机的功率输出;

④ 内充金属钠的冷却排气门,解决了排气门的过热问题;

⑤ 向汽缸内喷水和甲醇的混合液,可在短时间内增加功率 1/3;

⑥ 高辛烷值燃料,提高了燃油的抗爆性,使汽缸内燃烧前压力由 2～3 个标准大气压逐步增加到5～6 个标准大气压,甚至 8～9 个标准大气压,既提高了升功率*,又降低了耗油率。

由于技术的进步,气冷发动机变得越来越重要,应用也越来越广泛。但液冷发动机凭借着在空气阻力方面的优势仍然占据着一定的地位,特别是对高速战斗机来说,由于它的飞行高度高,受地面火力的威胁小,液冷发动机易损的弱点不突出,因而在许多战斗机上得到应用。

第二次世界大战期间,由于战争的推动,活塞式发动机进入发展的最高峰,同时也出现了最初的燃气涡轮发动机。在此期间,液冷发动机也得到大规模应用,例如,美国在这次大战中生产量最大的 5 种战斗机中有 4 种采用液冷发动机。其中,英国罗尔斯·罗伊斯(Rolls-Royce,简称罗·罗)公司的"梅林"发动机(见图 1-3)1935 年 11 月在"飓风"战斗机上首次飞行时,功率达到 708 kW;1936 年在"喷火"战斗机上飞行时,功率提高到 783 kW。这两种二战时期的著名战斗机的速度分别达到 624 km/h 和 750 km/h。"梅林"发动机的功率在战争末期达到 1 238 kW,甚至创造过 1 491 kW 的纪录。

美国派克(PARKER)公司按专利生产了"梅林"发动机,用于改装 P-51"野马"战斗机,使之成为二战时期最优秀的战斗机之一(见图 1-4)。"野马"战斗机采用的是不常见的五叶螺旋桨,安装"梅林"发动机后,最大速度达到 760 km/h,飞行高度为 15 000 m。除具有当时最快的速度外,"野马"战斗机的另一个突出的优点是惊人的远航能力,它可以把盟军的轰炸机径直护送到柏林。到战争结束时,"野马"战斗机在空战中共击落敌机 4 950 架,居欧洲战场的首位。在远东和太平洋战场上,由于"野马"战斗机的参战,才结束了日本"零"式战斗机的霸主地

---

* 升功率:发动机每升排量所发出的功率,单位是 kW/L。升功率是衡量活塞式发动机技术水平的一项重要指标,一般为 22～29 kW/L,个别达到 59 kW/L。排量:指各汽缸工作容积的总和。

位。航空史学界把"野马"飞机看作螺旋桨战斗机的巅峰之作。

"梅林"V1650-7

"梅林"V1650启动 "喷火"战斗机飞行演示

图1-3 "梅林"12缸V形液冷式发动机

图1-4 装备"梅林"发动机的P-51"野马"战斗机

2. 气冷式活塞式发动机

飞机在飞行中总会有强烈气流迎面而来,用空气冷却发动机的想法自然就产生了。1908年8月22日,在法国兰斯举行了历史上首次世界航空博览会,即现在著名的巴黎航展的前身。在这次博览会上,法国人塞甘兄弟发明的旋转汽缸式发动机——"土地神"活塞式发动机(见图1-5)引起了轰动。这是一台五缸星形发动机,功率达37 kW(50马力),功重比达到0.69。这些指标是当时的液冷发动机所望尘莫及的。该发动机的最大特点是取消了飞轮和液冷装置,曲轴固定而让汽缸与螺旋桨一起转动。这种结构的发动机无论在飞行中还是在地面静止状态,都可以让汽缸得到有效的冷却,同时按奇数呈星形排列的汽缸本身还可以起到飞轮的作用,减轻了质量,使发动机运行

图1-5 "土地神"星形气冷发动机

更加平稳。

另外,该发动机暖机快、启动快,并且在汽缸外壁采用了大量薄壁散热片,外形光洁利索,迎风阻力小。这些优点使得发动机质量轻、阻力小、加速快,特别适合于战斗机使用。

这种发动机在第一次世界大战中风行一时,几乎成了战斗机的标准装备,中国当时的北洋政府拨款27万元特批经费,从法国购买了12架装备这种发动机的"高德隆"型飞机,并参与了1915年反对张勋复辟的战斗,是中国最早的一次空中军事行动。

然而,这种发动机也有其明显的缺点:一是寿命短,一般不到50 h;二是油耗大;三是由于汽缸数目不能太多,限制了发动机功率的增加,最大功率一般不会超过200 kW(270马力);四是由于汽缸质量重,旋转时会产生严重的陀螺效应,影响了飞机的操纵性能。例如,使用旋转汽缸式发动机的英国索普威斯公司的骆驼(Camel)战斗机(见图1-6),在向左转弯时很缓慢,而向右转弯时又"快如闪电"。

图1-6　装1台9缸活塞式发动机(97 kW)的骆驼战斗机

此外,旋转汽缸发动机的润滑油容易溅出,引入转动汽缸的油管易失火等。随着新型的气冷星形发动机的出现,旋转汽缸发动机在一战后逐渐被淘汰。

一战结束后,航空发动机技术得到了很大的发展。整流罩的发明解决了阻力和冷却问题,气冷星形发动机由于具有刚性大、质量轻,可靠性、维修性和生存性好,功率增长潜力大等优点而得到迅速发展,并开始在大型轰炸机、运输机和对地攻击机上取代液冷发动机。在20世纪20年代中期,美国莱特公司和普·惠公司先后发展出单排的"旋风""飓风"以及"黄蜂""大黄蜂"发动机,最大功率超过400 kW,功重比超过1 kW/daN。到第二次世界大战爆发时,由于双排气冷星形发动机的研制成功,发动机功率已提高到600~820 kW。此时,螺旋桨战斗机的飞行速度已超过500 km/h,飞行高度达10 000 m。

在二战期间,气冷星形发动机继续向大功率方向发展,其中比较著名的有普·惠公司的双排"双黄蜂"(R-2800)和四排"巨黄蜂"(R-4360)。前者在1939年7月1日定型,开始时功率为1 230 kW,共发展出5个系列几十个改型,最后功率达到2 088 kW,用于大量的军民两用飞机和直升机。单为 P - 47 战斗机就生产了 24 000 台 R - 2800 发动机(见图 1 - 7),其中 P - 47 J 的最大速度达 805 km/h。后者有四排 28 个汽缸,排量为 71.5 L,功率为 2 200~3 000 kW, 是世界上功率最大的活塞式发动机,用于一些大型轰炸机和运输机。

"双黄蜂"发动机试车

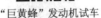
"巨黄蜂"发动机试车

P-47战斗机起飞

图 1 - 7　"双黄蜂"(R - 2800)星形气冷发动机

在二战及战后,最主要的技术进展有直接注油、涡轮组合发动机、低压点火等。在两次世界大战的推动下,发动机的性能提高很快,单机功率从不到 10 kW 增加到 2 500 kW 左右,功重比从 0.11 kW/daN 提高到 1.5 kW/daN 左右,升功率从每升排量几千瓦增加到四五十千瓦,耗油率从约 0.50 kg/(kW·h)降低到 0.23~0.27 kg/(kW·h),翻修寿命从几十小时延长到 2 000~3 000 h。到第二次世界大战结束时,活塞式发动机已经发展至其顶峰,以它为动力的螺旋桨飞机的飞行速度从 16 km/h 提高到近 800 km/h,飞行高度达到15 000 m。

活塞式发动机与螺旋桨的组合,一个显著的缺点就是受到飞行速度的限制。一方面,由于发动机需用的功率与飞机的飞行速度的三次方成正比,随着飞行速度的进一步提高,所需发动机功率急剧增大,活塞式发动机的质量也相应增大,通过增加汽缸数目来增大功率所带来的质量负荷飞机已经不能承受;另一方面,在飞行速度大于 700 km/h 后,螺旋桨工作不稳定,效率会急剧下降,这两方面均限制了飞行速度的提高。因此,采用活塞式航空发动机-螺旋桨组合的飞机,其飞行速度不可能达到声速。为了提高飞行速度,研制的重点转向了功率更大、质量相对更轻的燃气涡轮发动机。

随着航空燃气涡轮发动机的诞生和发展,活塞式发动机逐渐退出了航空业的主战场。但由于活塞式发动机具有一定范围内油耗低、结构简单、技术成熟、价格低廉和寿命长等优点,在小功率发动机上仍有优势。目前在通用航空上,活塞式发动机仍然占据统治地位。

1.2.2　航空燃气涡轮发动机后来居上

航空燃气涡轮发动机按其结构和作用原理不同,一般可分为涡轮喷气发动机(turbojet,简称涡喷发动机)、涡轮风扇发动机(turbofan,简称涡扇发动机)、涡轮螺旋桨发动机(turboprop,简称涡轮螺旋桨发动机或者涡桨发动机)和涡轮轴发动机(turboshaft,简称涡轴发动机)四大类,分别在各自的适用领域和时代发挥了重要作用。

1. 涡轮喷气发动机与涡轮风扇发动机

与喷气发动机原理有关的研究已有久远的历史,中国古代的火箭和走马灯就是喷气推进和涡轮机原理的体现。1913 年,法国工程师雷恩·罗兰获得第一个喷气发动机专利(见图 1-8),它属于无压气机式空气喷气发动机,与后来的冲压发动机基本相同。冲压发动机结构简单、推力大,特别适合高速飞行。无压气机式喷气发动机还包括脉冲式发动机和火箭发动机。

英国空军少校弗兰克·惠特尔于 1930 年申请了一种离心式涡轮喷气发动机的专利(见图 1-9),并于 1937 年 4 月研制出世界上第一台离心式涡轮喷气发动机 WU。1941 年,惠特尔完成 W.1 型发动机的开发及其后续的 W.2B 等发动机开发。1941 年 5 月 15 日,由格洛斯特公司生产,装备 W.1.X 发动机的 E.28 首飞,比德国晚了近两年的时间。

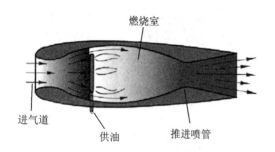

图 1-8　罗兰型喷气发动机

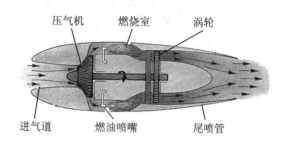

图 1-9　惠特尔申请的涡轮喷气发动机专利示意图

德国的汉斯·冯·奥海因在 1938 年 10 月试验了采用轴流-离心组合式压气机的 HeS3B 涡轮喷气发动机。其研制的 HeS3B 推力为 490 daN,推重比(发动机产生的推力与发动机自身重力之比)为 1.38,于 1939 年 8 月 27 日率先装在亨克尔公司的 He-178 飞机上试飞成功,成为世界上第一架试飞成功的喷气式飞机,开创了航空推进新时代。

J47涡喷轴流式
发动机

第二次世界大战以后,美国、苏联和法国等国家通过购买专利,或借助从德国取得的大量技术资料和人员,陆续发展了本国第一代涡轮喷气发动机。其中,美国通用电气公司(GE)的 J47 轴流式涡喷发动机和苏联克里莫夫设计局的 RD-45 离心式涡喷发动机的推力都在 26.5 kN 左右,推重比为 2~3,分别在 1949 年和 1948 年装在 F-86 和米格-15 两种亚声速战斗机上服役。在朝鲜战争期间,这两种战斗机展开了激烈空战,从此揭开了喷气式战斗机空战的序幕。

20 世纪 50 年代初,加力燃烧室的采用使发动机在短时间内能够大幅度提高推力,为飞机突破声障提供足够的推力。典型的发动机有美国的 J57(见图 1-10)和苏联的 RD-9B(见图 1-11),它们的加力、推力分别为 70 kN 和 32.5 kN,推重比分别为 3.5 和 4.5。它们分别装在单发 F-100 和双发米格-19(歼-6 战斗机原型机)战斗机上,成就了第一代超声速战斗机。

在 20 世纪 50 年代末和 60 年代初,世界各国研制了适合马赫数 2.0 以上飞机的一批涡喷发动机,如 J79、J75、埃汶(Avon)、奥林帕斯(Olympus)、阿塔 9C、R-11 和 R-13,推重比已达 5~6。在 20 世纪 60 年代中期,还发展出用于马赫数 3.0 一级飞机的 J58 和 R-31 涡喷发动机。到 20 世纪 70 年代初,用于"协和"(Concorde)超声速客机的奥林帕斯 593 涡喷发动机(见图 1-12)定型,最大推力达到 170 kN,此后再没有重要的涡喷发动机问世。

涡轮喷气发动机的显著缺点是耗油率较高,即经济性差,一般为 0.80~1.0 kg/(daN·h)。

图 1-10　普·惠公司应用双转子技术于 1950 年开发成功的 J57 轴流式喷气发动机

图 1-11　苏联的 RD-9B 涡喷发动机(我国涡喷-6 发动机原型机)

面对涡轮喷气发动机的局限性,航空发动机科研人员研发了涡轮风扇发动机。

涡轮风扇发动机由于低压压气机叶片加长成为风扇,同时增加了外涵道,使得涡扇发动机总空气流量变大,排气速度降低。与相同核心机的涡轮喷气发动机相比,推力大、推进效率高、耗油率低。涡扇发动机的发展是从民用发动机开始的。世界上第一台涡扇发动机是 1959 年定型的英国康维,推力为 5 730 daN,用于 VC-10、DC-8 和波音 707 客机。涵道比 0.3 和 0.6 两种,耗油率比同时期的涡喷发动机低 10%～20%。

涡轮风扇发动机问世后,很快被各种新型旅客机所选用。有些原采用涡轮喷气发动机做动力的旅客机,也换装了涡轮风扇发动机。以波音 707 客机为例,原装有 4 台 JT3C 涡轮喷气发动机,后来将 JT3C 的前三级低压压气机的叶片加长改成涡轮风扇发动机 JT3D。这样的改型,使发动机推力加大(起飞推力增加 50%,巡航推力增加 27%),耗油率降低(巡航耗油率降低 13%),大大改进了波音 707 的性能。此后,涡扇发动机向低涵道比的军用加力发动机和高涵道比的民用发动机的两个方向发展。

20 世纪 60 年代研制的旅客机大多采用了这种低涵道比(1.5～2.5)的涡轮风扇发动机。

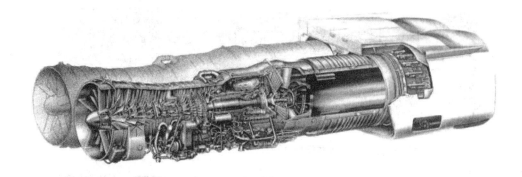

图 1－12　奥林帕斯 593 涡喷发动机与"协和"超声速客机(4 台发动机)

由于涡扇发动机有内、外两个涵道,发动机的外径较大,因此,开始认为这种发动机除用于客机外,还可用于轰炸机,但是不适合用在战斗机上。

　　美国在 20 世纪 60 年代开始研发并于 70 年代投入使用的"空中优势战斗机",强调要具有高机动性,因此要求飞机的推重比大于 1.0。这就要求发动机具有高的推重比(8.0 级)、低的巡航耗油率,而涡轮喷气发动机不能满足这些要求。于是利用涡轮风扇发动机耗油率低的特点,采用大量先进技术,发展了直径较小、推力大(11 000 daN 左右)、推重比大(8.0 左右)的带加力燃烧室的涡轮风扇发动机,并先后装备在 F－15、F－16 战斗机上。F－15 于 1974 年装备美国空军投入服役,现在仍然是世界上最先进的战斗机之一,充分说明了战斗机采用涡轮风扇发动机后带来的益处。图 1－13 所示为 F－15 超声速战斗机及其可装的 F100－PW－229 与 F110－GE－129 涡扇发动机。

F-15发动机试车

F100-PW-229

F110-GE-129

图 1-13　美国 F-15 超声速战斗机及其可装的 F100-PW-229 与 F110-GE-129 涡扇发动机

　　此后,新研制的战斗机均采用了带加力燃烧室的涡扇发动机,例如美国的 F/A-18、F-117,欧洲的"阵风"(安装 M88-2 涡轮风扇发动机,见图 1-14),苏联的米格-29、苏-27 等。

图 1-14　法国 M88-2 加力涡扇发动机与"阵风"超声速战斗机

　　20 世纪 60 年代初,美国空军提出的发展远程大型战略运输机计划,要求能一次运载包括直升机、大型坦克、吉普车等军事装备并飞行 10 000 m 以上。典型的装载为:350 名全副武装的士兵;或 6 架 AH-64 武装直升机;或 16 辆载重卡车等。为此,要研制一种机身较宽、起飞总重在 350 t 左右的大型飞机。其载油量约为 150 t,有效载重约 120 t。为满足这种飞机的要求,需研制一种推力约为 20 000 daN,耗油率约比小涵道比涡轮风扇发动机低 1/3 的大型发动机。显然,对于这些要求,由用于波音 707 等的小涵道比的涡轮风扇发动机改进衍生的办法是无法满足的,只能发展一种全新的发动机来实现。于是在广泛应用各种先进技术的基础上,采用三高循环参数:高涵道比(5~8)、高增压比(25 左右)、高涡轮前温度(1 600~1 650 K),研制成功了"高涵道比涡轮风扇发动机"的新一代发动机 TF39、JT9D、CF6、RB211。有了这种发动机,才使美空军战略运输机 C-5A 于 1970 年装备部队使用。

美国的三大著名飞机制造商参加了研制这种飞机的投标:波音、洛克希德和道格拉斯公司。在美空军选中洛克希德公司的方案后,这三家公司均以参与投标的方案为基础,研制出新一代宽体机身(每排安排 10 个座位,以往的旅客机为 6 座),能乘坐 350~450 名乘客,航行 10 000 km 的大型客机:波音 747(1970 年投入营运)、DC-10(1971 年投入营运)、L1011(1972 年投入营运)。用于这三型飞机的发动机就是上述的高涵道比涡轮风扇发动机。可以说,如果没有新一代的高涵道比涡扇发动机,C-5A、波音 747、DC-10 等飞机就不可能出现。随后,在 70 年代后期、80 年代中期,除对 JT9D 等不断改进提高性能外,又发展了各种推力档次的发动机,以满足新的、各种型号客机的要求,并用于对老式客机的改造。

20 世纪七八十年代,各国研制出推重比 8 一级的涡扇发动机,如美国的 F100、F404、F110,西欧三国的 RB199,苏联的 RD-33 和 AL-31F,用于装备第三代超声速战斗机,如 F-15、F-16、F-18、"狂风"、米格-29 和苏-27。目前,推重比 10 的一级涡扇发动机已投入服役,如美国的 F-22/F119、西欧的 EFA2000/EJ200 和法国的"阵风"/M88。其中,F-22/F119 具有第四代战斗机代表性特征——超声速巡航、短距起降、超机动性和隐身能力。美国研制的 F-135 发动机最大推力可以达到 191.3 kN。F-135 发动机共有 3 个子型号,用于 F-35A 的 F135-PW-100 型号,用于 F-35B 的 F135-PW-600 型,用于 F-35C 的 F135-PW-400 型。F135-PW-600 型发动机使 F-35B 战斗机具备了垂直起降能力。

自 20 世纪 70 年代第一代推力在 20 000 daN 以上的高涵道比(4~6)涡扇发动机投入使用以来,开创了大型宽体客机的新时代。后来,又发展出推力小于 20 000 daN 的不同推力级的高涵道比涡扇发动机,广泛用于各种干线和支线客机。CFM 国际公司(由美国通用电气与法国 SNECMA(赛峰集团)合资建立)生产的 10 000~15 000 daN 推力级 CFM56 系列已生产 13 000 多台(见图 1-15),并创造了机上寿命超过 30 000 h 的纪录。

民用涡扇发动机投入使用以来,已使巡航耗油率降低一半,噪声下降 20 dB,CO、UHC、NO_x 分别减少 70%、90%、45%。20 世纪 90 年代中期装备波音 777 投入使用的第二代高涵道比(6~9)涡扇发动机的推力超过 35 000 daN。其中,通用电气公司 GE90-115B 在 2003 年 2 月创造了 56 900 daN 的发动机推力世界纪录。普·惠公司研制的新一代涡扇发动机 PW8000 是一种齿轮传动的涡扇发动机,推力为 11 000~16 000 daN,涵道比 11,耗油率下降 9%。

CFM 国际公司的 LEAP-X1C 发动机采用法国 SNECMA 公司研制的碳纤维复合材料风扇叶片以及美国通用电气公司研制的陶瓷基复合材料涡轮部件。LEAP-X1C 发动机拥有 18 片风扇叶片(见图 1-16),其数量比 CFM56-5C 减少一半,是 CFM56-7B 的 3/4。中国商飞为国产大型客机 C919 选择了由 GE 和法国赛峰提供的整套的一体化推进系统(IPS)。其中,CFM 将提供飞机发动机部分,奈赛公司(Nexcelle)将提供发动机短舱和反推力装置。

F-16与MIG29对比　　　　　　F-16发动机试车　　　　　　F-135发动机简介

图 1-15　CFM56 大涵道比涡扇发动机　　图 1-16　CFM 国际公司的 LEAP-X1C 涡扇发动机

2. 燃气涡轮发动机的发展历程

在燃气涡轮发动机的发展中,目前认为从技术方面来说已经经历了四代。

第一代是单转子亚声速喷气发动机。这一代发动机大多数在 20 世纪三四十年代研制,于 40 年代末、50 年代初投入使用。压气机采用离心式和轴流式两种,总增压比在 5 左右,单管燃烧室,单级涡轮,推重比 3 左右。具有代表性的机型有美国的 J47(TG-190)、苏联的 VK-1 和法国的阿塔(Atar)发动机。

第二代是超声速涡喷发动机。这些发动机在第一代发动机的基础上有了许多创新,大多是在 20 世纪 50 年代研制成功的。主要技术特点如下:双转子、进口导流叶片可调、超声速压气机、高温涡轮、推重比达到 5 左右。用这一代发动机装配的飞机都是超声速战斗机。具有代表性的机型有美国的 J79 和苏联的 R11-300R。

第三代是超声速涡扇发动机。这一代发动机的研制始于 20 世纪 60 年代,主要技术特点是涡扇发动机、核心机技术、2D 设计、环形燃烧室、气冷涡轮、结构完整性设计、新材料、推重比为 8。第三代发动机的成长得益于全世界各种大型试验设备的建设、计算技术和制造技术的发展。用这一代发动机装配的飞机都是高性能超声速战斗机。具有代表性的机型有美国的 F404 和 F100、苏联的 AL-31F 和 RD33、英国的 RB199 和法国的 M88-2。

第四代是先进技术涡扇发动机。这一代从 20 世纪 80 年代中期开始发展,主要技术特点如下:结构简单、抗撞击能力强,具有良好的耐久性和可维护性;增加了不加力条件下的持续超声速巡航能力,采用 2D 喷管的有限矢量推力能力和隐身能力。第四代发动机的推重比为 9~10。具有代表性的机型有美国的 F119、苏联的 AL-41F 和英国的 EJ200。

3. 涡轮螺旋桨发动机的发展历程

涡轮喷气发动机的推力大,适用于高速飞行的飞机,其适用速度范围从高亚声速一直到超过声速的两三倍。但是,当飞机在较低的亚声速飞行时,涡喷发动机的推进效率低,耗油率高,很不经济。此外,"活塞式发动机+螺旋桨"的经典组合虽适应于低速飞行,但是由于活塞式发动机的功率较小,且随飞行高度的增加功率降低很快,加上螺旋桨的限制,致使其使用速度一般不超过 800 km/h。

为了克服涡轮喷气发动机和活塞式发动机的缺点,涡轮螺旋桨发动机(简称涡轮螺旋桨发动机或涡桨发动机,见图 1-17)在 20 世纪 40 年代后期、50 年代初期开始得到了迅速发展。但是由于当时设计的螺旋桨不适用于高亚声速飞行时使用,因此,20 世纪 60 年代以后,大、中型涡轮螺旋桨发动机逐渐被涡轮风扇发动机所取代。20 世纪 80 年代,因能源危机,又开始了具有新型螺旋桨的桨扇发动机的研究,但由于噪声、安全性等技术问题未能很好解决而最终未能大量投入使用。

图 1-17　罗·罗公司生产的 RB50 Trent 涡轮螺旋桨发动机

国际上目前已经成功发展了四代涡桨发动机:

第一代是 20 世纪 70 年代以前投产的,主要有达特(Dart)、PT6A 系列和 TPE331 系列的早期型号、AI-20 等型号的发动机;

第二代是 20 世纪 70 年代末期或 80 年代初期研制的,主要有 PW100 系列早期型号和 TPE331-14/15 等型号的发动机;

第三代是 20 世纪 90 年代以后投入使用的发动机,主要有 AE2100 和 PW150A;

第四代的典型代表是欧洲的 TP400-D6 涡桨发动机。

国外成功的涡桨发动机都遵循了系列化的发展道路,在基本保持发动机结构形式的情况下,通过不断嵌入新技术,以较低的代价获得系列化的产品。如 PT6A 发动机在基本不改变外廓尺寸的条件下,采用最新技术,提高发动机的循环参数和部件效率,从而提高产品的综合性能。另外,由于涡桨和涡轴发动机在结构上较为相似,在成熟涡轴发动机平台上"轴改桨",

使其快速发展成涡桨发动机也是一种常见的方式,"轴改桨"主要侧重于发动机工作点的调整、增加体内减速器和改进部分系统等。涡桨发动机产品研发的另一个重要特征是军民融合发展。大部分军用涡桨飞机不追求高机动性,其动力装置相对于其他类型的航空发动机,易于进行民用型改进。如 T56 和 AI-20 发动机,均改进发展了民用型涡桨发动机。

先进涡桨发动机产品研发的重要途径之一是国际合作发展。为降低资金和技术风险,缩短研制周期,各大航空发动机制造厂商通常会基于自身在总体集成或单项部件/系统方面的技术优势,通过成立合资公司或项目组,划分各自的工作份额,合作研制新型涡桨发动机。如欧洲法国赛峰公司、英国罗·罗公司、德国 MTU 公司、西班牙 ITP 公司等合作成立欧洲螺旋桨国际股份有限公司,共同研制了目前最先进的涡桨发动机 TP400-D6(见图 1-18)。

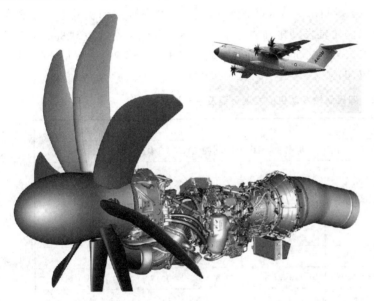

C-130J运输机

图 1-18　欧洲军用运输机 A400M 使用的 TP400-D6 涡桨发动机

虽然涡桨发动机目前的市场前景不十分明朗,但各大发动机厂家和研究机构始终没有停止先进涡桨发动机及其技术的研发。近年来,为满足下一代 90 座级涡桨支线客机的发展需要,国外加大了涡桨发动机技术的研究步伐。2010 年,加拿大普·惠公司提出了功率 3 675～5 145 kW 的下一代支线涡桨发动机(NGRT)方案,该发动机的油耗指标将比 PW100 系列发动机降低 20%,维护成本降低 30%,并将采用全新的压气机设计;2012 年,GE 公司提出了功率在 2 940～4 410 kW 的 CPX38 涡桨发动机方案,该方案油耗指标比 PW100 降低 15%,该发动机由 GE38 发动机衍生而来,并借鉴了 GEnx 发动机的高压压气机、高压涡轮以及新材料技术;2013 年,法国赛峰集团也提出了将发展功率在 3 675 kW 左右的下一代支线飞机用涡桨发动机,该发动机的油耗二氧化碳排放比 2000 年的水平降低 20%～25%。

4. 涡轮轴发动机的发展历程

驱动直升机旋翼而产生升力和推进力的动力装置包括活塞式发动机和涡轮轴发动机两大类,20 世纪 50 年代中期以前,直升机发动机都是活塞式发动机。20 世纪 50 年代中期,涡轮轴发动机开始用作直升机动力。与活塞式发动机相比,涡轮轴发动机具有质量轻,体积小,功率大,振动小,易于启动,便于维修和操纵等一系列优点,因而得到迅速发展与广泛采用。

　　涡轮轴发动机是输出轴功率的燃气涡轮发动机,在工作和构造上,涡轮轴发动机同涡轮螺旋桨发动机很相近。它们都是由涡轮风扇发动机的原理演变而来的,只不过后者将风扇变成了螺旋桨,而前者将风扇变成了直升机的旋翼。除此之外,涡轮轴发动机也有自己的特点:一般装有自由涡轮(不带动压气机,专为输出功率用的涡轮),而且主要用在直升机和垂直/短距起落飞机上。在带有压气机的涡轮发动机这一类型中,涡轮轴发动机出现得较晚,但已在直升机和垂直/短距起落飞机上得到了广泛的应用。

　　涡轮轴发动机于 1951 年 12 月开始装在直升机上,作第一次飞行。那时它属于涡轮螺旋桨发动机,并没有自成体系。随着直升机在军事和国民经济上的使用越来越普遍,涡轮轴发动机才获得独立的地位。

　　从 1950 年法国透博梅卡公司研制出 206 kW 的阿都斯特 I 型涡轴发动机并装备美国的 S52-5 直升机上首飞成功以后,涡轮轴发动机在直升机领域逐步取代活塞式发动机而成为主流的动力形式。半个世纪以来,涡轴发动机已成功发展出四代(见表 1-2),功重比已从 2 kW/daN 提高到 6.8～7.1 kW/daN。

表 1-2　四代涡轴发动机的发展历程及主要性能参数

涡轴发动机分代	第一代	第二代	第三代	第四代
研制时间	20 世纪 50 年代	20 世纪 60 年代	20 世纪 70—80 年代	20 世纪 80 年代后
起飞耗油率/ $[kg \cdot (kW \cdot h)^{-1}]$	0.4～0.6	0.3～0.4	0.26～0.3	0.26～0.28
功重比/ $(kW \cdot kg^{-1})$	2～3	3～5	5～6	6～7
总增压比	4～6	5～10	10～15	15～20
涡轮进口温度/K	900～1 100	1 100～1 300	1 300～1 500	1 400～1 600
代表型号	阿都斯特、宁巴斯、T53	阿赫耶 1C-49、TV2-117A	T700-GE-701、TM333	T80、MTR390、RTM332

　　第三代涡轴发动机是 20 世纪 70 年代设计、80 年代投产的产品,主要代表机型有马基拉、T700-GE-701A 和 TV3-117VM,装备 AS322"超美洲豹"、UH-60A、AH-64A、米-24 和卡-52。

　　第四代涡轴发动机是 20 世纪 80 年代末、90 年代初开始研制的新一代发动机,起飞耗油率降低到 0.26～0.28 kg/(kW·h),功重比增加至 6～7,总增压比为 15～20,涡轮进口温度最高能达到 1 600 K。代表机型有英、法联合研制的 RTM322,美国的 TS00-LHT-800,俄罗斯的 TV3-117BK,用于 NH-90、EH-101、WAIH-64、RAH-66"科曼奇"、PAH-2/HAP/HAC 和卡-50 等直升机,以及欧洲德、法、英合资成立的 MTR 公司为"虎"式直升机联合研制的 MTR390(见图 1-19、图 1-20)。

　　乌克兰的 D-136 涡轴发动机起飞功率为 7 500 kW,是世界上最大的涡轮轴发动机,装 2 台 D-136 发动机的米-26 直升机可运载 20 t 的货物。以 T406 涡轮轴发动机为动力的倾转旋翼机 V-22 突破常规旋翼机 400 km/h 的飞行速度上限,提高到 638 km/h。

图 1-19 采用双级离心式压气机的 MTR390 涡轴发动机

图 1-20 装备 2 台 MTR390 涡轴发动机的"虎"式直升机

1.2.3 通用航空发动机发展趋势

通用航空发动机自诞生以来,一直在发展进步中。通用航空本身的独有特点,使得通用航空发动机的发展呈现很多与民航运输以及军用航空不同的特点。首先,通用航空发动机使用类型最全面,从活塞、涡喷、涡扇、涡桨、涡轴乃至桨扇发动机等都是通用航空飞机选用的对象;从尺寸或者推力(功率)大小上看,通用航空发动机特点是以中小型为主;此外,通航飞机中无论是固定翼有人机或无人机,还是中小型直升机,航空活塞式发动机在数量上一直占据主导地位。具体到不同类型的航空发动机,其技术发展又呈现各自的特点。

1. 活塞式航空发动机的发展趋势

活塞式发动机的发展过程其实是随着人们对发动机性能要求变化发展而进步的。图 1-21 展示了活塞式发动机及其技术的发展。

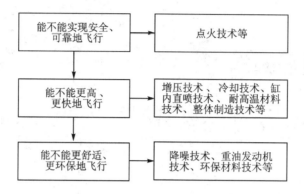

图 1-21　活塞式发动机及其技术发展

活塞式发动机的发展还呈现以下趋势:

① 多级增压技术开始广泛应用。由于活塞式航空发动机随着海拔的升高,空气密度和温度降低,进入缸内的空气量减小,空燃比下降,压缩终点温度降低,使得燃烧过程恶化,发动机动力性、经济性下降,热负荷增大,排温升高,造成航空发动机工作的可靠性下降。

通过增压技术可以提高空气密度、高效恢复发动机的功率,提高发动机的高空性能,满足飞机 8 000 m 以上的使用要求。增压器技术包括单级高压比技术、多级增压系统一体化设计技术、多级增压系统调节及控制技术、高空条件下的系统可靠性技术等。

目前,国内外针对活塞式航空发动机的二级增压系统进行了大量的研究,其中,以美国、德国为代表的发达国家已开发了相对成熟的二级增压系统甚至三级增压系统。我国在二级增压发动机的研制方面,通过不同海拔高压的仿真模拟实验,得到的极限工作高度达到 8～9 km。而美国研制了带有三级涡轮增压系统的无人机,其飞行高度可以达到 24 km。实践证明,应用多级增压系统是有效提升高空汽油机使用升限的重要途径。

② 航空重油发动机逐渐成为活塞式航空发动机的主流。航空重油的燃料供应有保障,通用性强,其比能量高于汽油,运输和存储更加安全,而且带涡轮增压,高空性能优越,燃烧效率高,可大大提升轻型飞机的性能,已成为世界各航空大国重点发展的活塞式发动机类型。

航空重油活塞式发动机的研制需要进一步提高轻量化前提下的可靠性技术、增压匹配技术和喷雾燃烧技术。

2. 燃气涡轮航空发动机的发展趋势

未来各种类型的燃气涡轮发动机在技术、产品发展的方向上基本一致,继续朝高可靠性、良好维护性、低使用成本的方向发展。同时,随着石油资源的减少以及环保压力的不断增大,人们对航空发动机的经济性等方面开始更加重视。

燃气涡轮航空发动机的发展趋势具体体现在以下几方面:

① 通过进一步提高热力循环参数(提高压气机增压比和涡轮前燃气温度),降低耗油率和提高单位功率,使经济可承受性提高数倍。

② 在气动设计方面,采用三维有黏流场计算方法、非定常设计、流动控制、主动间隙控制、

高效冷却等设计压气机和涡轮,减少气体流阻损失,达到部件效率提高、稳定工作边界扩大、良好的性能保持、寿命更长、结构简单和零件数少的要求。采用刷式封严等新型封严结构和采用主动间隙控制技术缩小叶尖间隙,减少空气泄漏,提高压气机和涡轮的效率。

③ 在总体结构方面,2 000 kW 以下涡桨发动机将倾向于双转子结构(单转子燃气发生器＋动力涡轮转子),压气机为轴流＋离心组合式,采用多级动力涡轮(自由涡轮)以求得到最佳的效率;2 000 kW 以上的涡桨发动机逐渐向三转子结构发展(双转子燃气发生器＋动力涡轮转子),采用单元体设计和"视情"维护概念,简化外场维护保障要求,降低全寿命期使用成本。

④ 在新材料的应用和材料改进方面,新型复合材料的应用和新结构设计,为大幅减轻发动机质量提供了可能。采用金属基复合材料不仅使压气机减轻了质量,同时也可提高叶片切线速度;燃烧室和涡轮部件采用陶瓷基复合材料、碳/碳复合材料,在提高部件耐高温性能的同时减轻了质量。整体叶盘、整体叶环、对转涡轮等新结构的采用,也大大减轻了部件质量。双金属、陶瓷、低导热性热障涂层和复合材料等技术的逐步应用,将大幅提高涡桨发动机的性能、寿命及可靠性。

⑤ 控制系统方面,采用分布式控制系统。未来全权限数字发动机控制器(Full Authority Digital Engine Control,FADEC)系统的发展趋势是采用分布式控制系统。与目前的集中式系统相比,分布式控制系统可以提高发动机的控制能力和可靠性,降低控制系统的复杂性并减轻其质量。同时采用光电敏感元件、高温电子设备和灵活的控制逻辑。控制系统的质量将大幅度减轻,环境适应性将进一步提升。

⑥ 航空发动机及其零部件 3D 打印逐步实用化,满足航空发动机叶片型面复杂、零件众多、叶盘锻造加工工序纷繁复杂等要求。如通用电气(GE)公司与斯奈克玛合作采用 3D 打印 LEAP 发动机燃油喷嘴,将其耐久性提高了 4 倍,燃油效率提高 15%,质量减轻 25%。同时,GE 公司还通过 3D 打印了一台转速达 33 000 r/min 的小型喷气发动机,未来将打印大型发动机整机。

⑦ 变循环发动机(Variable Cycle Engine,VCE)逐渐成熟。下一代可转换的涡喷/涡扇/冲压/涡轴发动机将会在不同速度范围内达到高的推进效率,在降低耗油率的同时,在提高飞机飞行速度等方面取得突破性进展。

⑧ 减速器方面,重载、高速、高效、轻质是其发展目标。其中新结构传动机构/零件(如面齿轮)、轴承/齿轮轴一体化设计、超高强度传动零件新材料和复合材料机匣等是研究方向。此外,国外已开始研究喷气旋翼和翼尖喷气发动机及液压传动减速系统。

⑨ 螺旋桨方面,先进的风扇气动设计技术将逐步应用于对转螺旋桨设计技术,以提高涡桨飞机在高速飞行条件下的性能。螺旋桨的结构由铝合金大梁、玻璃钢外壳结构发展到碳纤维大梁、泡沫填充、玻璃钢外壳结构,成形工艺有预浸料层铺和编织外壳整体注射成形,从而使螺旋桨质量大幅减轻。

1.3　通用航空发动机的应用

1.3.1　活塞式发动机占比最高

与民航运输和军用航空相比,通用航空有自己独有的特点。从航空发动机的角度看,民航运输和军用航空基本上都是燃气涡轮发动机,而通用航空发动机则是活塞型、涡轮螺旋桨型和涡轮风扇型并存,而且活塞型发动机是主流;涡轮风扇型主要用于公务机,性能先进,安全舒适,价格较高,已生产的机型有30多种,在研的10多种。

GAMA(美国通用航空制造商协会)通用航空统计数据手册中指出,2019年全球生产通用飞机2 658架,其中活塞式飞机1 324架,占49.8%;涡轮式飞机(GAMA的统计中将涡桨式飞机与喷气式飞机合称为涡轮式飞机)1 334架,其中涡桨式飞机525架,喷气式公务机809架。2006—2019年全球通用飞机产量先是下降,尤其是2008—2009年全球金融危机时急剧下跌,然后从2011年开始缓慢回升,详细数据见表1-3。

表1-3 2006—2019年全球通用航空固定翼飞机生产总量

单位:架

年 份	单发活塞	多发活塞	活塞式总计	涡桨式飞机	喷气公务机	涡轮式总计	合 计
2006	2 513	242	2 755	412	887	1 299	4 054
2007	2 417	258	2 675	465	1 137	1 602	4 277
2008	1 943	176	2 119	538	1 317	1 855	3 974
2009	893	70	963	446	874	1 320	2 283
2010	781	108	889	368	767	1 135	2 024
2011	761	137	898	526	696	1 222	2 120
2012	817	91	908	584	672	1 256	2 164
2013	908	122	1 030	645	678	1 323	2 353
2014	986	143	1 129	603	722	1 325	2 454
2015	946	110	1 056	557	718	1 275	2 331
2016	890	129	1 019	582	661	1 243	2 262
2017	936	149	1 085	563	677	1 240	2 325
2018	952	185	1 137	601	703	1 304	2 441
2019	1 111	213	1 324	525	809	1 334	2 658

从表1-3的数据可以看出,固定翼通用航空飞机中,活塞式飞机占比一直高于涡桨式飞机和喷气式公务机,根据通用航空及其飞机的特点与发展可知,这种活塞式飞机的统治地位还将持续下去。

到"十二五"时期末,我国通用航空注册飞机4 511架,其中90%以上采用的都是活塞式发动机,主要形式为小功率的气冷水平对缸发动机。航空活塞式发动机市场目前被几大发动机公司所占领,包括大陆航空、莱康明、林巴贺和庞巴迪。

航空活塞式发动机结构简单,成本低,易于维护,可以满足很多类型通用航空飞机的需求,因此目前350 kW以下的小功率活塞式发动机仍在通航飞机尤其是无人机上大量使用,数量上占据统治地位。

1.3.2 不同类型燃气涡轮发动机的适用范围

燃气涡轮发动机自诞生以来,主流类型一直是以下四类:涡轮喷气发动机、涡轮风扇发动机、涡轮螺旋桨发动机和涡轮轴发动机。这四种类型发动机虽然发展时间有先后之分,但是并没有严格意义上的先进和落后,主要区别在于各自的适用范围。

　　图 1-22 显示了涡喷、涡扇和涡桨发动机推进效率随马赫数的变化关系图。从图中可以看出,涡桨发动机的推进效率最高,但是仅限于亚声速范围,速度到跨声速范围时,涡桨发动机效率急剧降低。涡扇发动机在跨声速阶段推进效率高于涡桨和涡喷发动机,而且涵道比越大,推进效率越高,这也是民航飞机的发动机普遍采用大涵道比发动机的原因。涡喷发动机在马赫数 1.0 以下推进效率很低,但在超声速以后效率快速升高,远超涡桨和涡扇发动机。

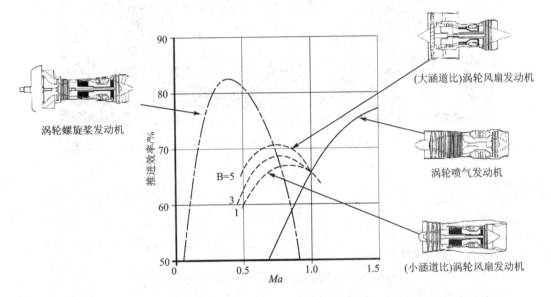

图 1-22　不同类型燃气涡轮发动机推进效率随马赫数的变化

　　通用航空飞行器可以根据自己的任务定位,确定飞行速度和高度范围,进而确定合理的发动机类型。各种类型的发动机适用范围如图 1-23 所示。

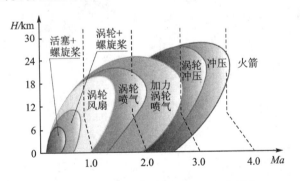

图 1-23　各种类型的发动机适用范围

　　根据以上分析可知,单纯某一固定类型发动机无法保证在较宽速度范围内高的推进效率。对于工作速度范围较宽的飞行器,除了根据任务需求和经济性折中外,还可以考虑结合不同类型发动机优点的新型发动机。当前正在研究的变循环发动机(VCE,见图 1-24)就是通过改变一些发动机部件的几何形状、尺寸或位置,来调节其热力循环参数(如涵道比、空气流量和涡轮进口温度等),改变发动机循环工作模式(高推力或低油耗)使发动机在各种飞行情况下都能工作在最佳状态,有较高的推进效率。同时,变循环发动机能以多种模式(包括涡轮喷气模式、涡轮风扇模式和冲压模式等)工作,因而在亚声速、跨声速、超声速和高超声速飞行状态下都具有良好的性能。

图 1-24　设计"三涵道"的变循环发动机(通过两个调节板控制三个涵道中气流流量)

思考题

1. 通用航空发动机主要有哪些类型?
2. 简述通用航空发动机的发展历程。
3. 简述活塞式、涡喷、涡扇、涡桨和涡轴发动机的功能及适用范围。
4. 什么是变循环发动机? 有什么特点?

第 2 章

航空活塞式发动机的工作原理

自 1903 年人类完成第一次载人动力飞行至第二次世界大战末期,几乎所有的飞机都使用活塞式发动机和螺旋桨的组合作为动力装置。在漫长的发展过程中,航空活塞式发动机的理论研究和实践应用都比较成熟和完善。目前,虽然航空发动机中大推力喷气式发动机成为主流,但活塞式发动机仍占有重要的地位,凭借其低速能够保持的高推进效率等优势,在通用航空飞机上被广泛采用。

2.1 航空活塞式发动机的分类

活塞式发动机(piston engine)是依靠活塞在汽缸中的往复运动,使气体工质完成热力循环,并将燃料的化学能转化为机械能的动力装置。经过长期的发展,航空活塞式发动机的种类繁多,形式千差万别。

1. 按工作原理划分

根据基本工作原理的不同,航空活塞式发动机可分为四行程(也称"冲程")发动机和二行程发动机。

活塞运动四个行程完成一个工作循环的发动机,称为四行程发动机。活塞运动两个行程完成一个工作循环的发动机,称为二行程发动机。目前使用的航空活塞式发动机绝大多数是四行程发动机。

2. 按混合气形成的方式划分

根据形成混合气的方式不同,航空活塞式发动机可分为气化器式发动机和直接喷射式发动机。

气化器式发动机中装有气化器,燃油与空气在气化器内预先混合好,再进入发动机汽缸中燃烧。直接喷射式发动机中装有燃油直接喷射装置,发动机工作时燃油由直接喷射装置直接喷入,混合气在汽缸内形成。

3. 按点燃的方式划分

根据汽缸内燃气的点燃方式,航空活塞式发动机可分为点燃式发动机和压燃式发动机。

点燃式发动机也可以称为火花点火式发动机,装有电嘴结构(火花塞),是依靠电火花点燃混合气的内燃机,汽油机都是点燃式发动机。

压燃式发动机是利用压缩空气产生的高温点燃燃料,使之进行燃烧,柴油机是典型的压燃式发动机,一些煤油机也是压燃式发动机。

4. 按发动机的冷却方式划分

根据发动机的冷却方式不同,航空活塞式发动机分为气冷式发动机和液冷式发动机。

气冷式发动机(也称风冷式发动机,见图2-1)上汽缸的外部设计有散热片,直接利用飞行中的迎面气流来冷却汽缸和相关部件。

液冷式发动机(见图2-2)利用循环的液体来冷却汽缸和相关部件,然后冷却液再将所吸收的热量散入大气中去。冷却液通常采用水、乙二醇或乙二醇和水的混合物。

目前,功率较小的航空活塞式发动机多为气冷式发动机,功率较大的则既有气冷式,也有液冷式的。

图 2-1   气冷式星形发动机

图 2-2   容克斯 Jumo211F 液冷式发动机

5. 按空气进入汽缸前是否增压划分

根据空气在进入汽缸前是否增压,航空活塞式发动机分为吸气式发动机和增压式发动机。

吸气式发动机工作时,外界的空气被直接吸入发动机汽缸。吸气式发动机一般用于飞行高度较低的飞机。

增压式发动机上装有增压器,外界的空气进入汽缸之前,先经过增压器提高压力,再进入发动机汽缸。当飞行高度增加时,大气压力减小,空气变得稀薄,发动机的功率减小,采用增压器压增加进气压力是提高发动机高空性能的主要办法,因此增压式发动机一般用在飞行高度较高的飞机上。

6. 按汽缸的排列方式划分

根据汽缸排列的方式不同可以分为星形发动机和直列型发动机。直列型发动机的汽缸呈"列队"式前后排列,又可分为单排直列型、水平对置型、H形或V形等形式,如图2-3所示。汽缸在机匣的左右两侧各排成一行,彼此相对,这种发动机有四缸、六缸和八缸等。

星形发动机结构相对简单,散热效果好,相同功率下,星形发动机体积更小,质量更轻。另外,星形发动机的对称结构使得扭矩输出也更加线性。但是,星形发动机转子是偏心式的,单排星形发动机很难做到曲轴对称配重,高速转动时,星形发动机的振动问题十分严重。另外,

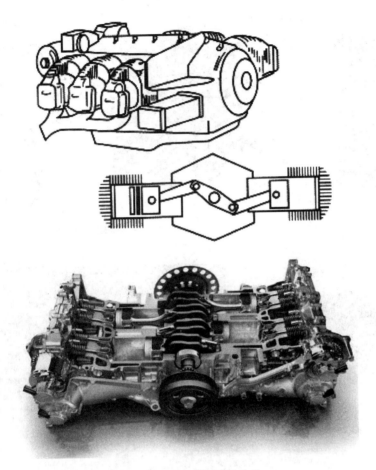

图 2-3　水平对置型发动机

由于星形发动机功率越大汽缸越多,导致直径就越大,因此飞机只能越粗,阻力变大。直径小的飞机可以使用直列式发动机和 V 形发动机等类型。水平对置发动机具有扭力大、振动小的特点,在固定翼飞机和直升机中都有应用。

星形发动机的所有汽缸均以曲轴为中心,沿圆周呈辐射状均布于机匣上。此类发动机有单层、双层和多层等不同形式,单层分为五缸、七缸和九缸三种。图 2-4 所示的星形发动机是单层七缸星形发动机;双层星形发动机有十四缸和十八缸两种,每层各为七缸和九缸,前后两层汽缸交错安装在机匣上,以利于空气对汽缸的冷却;多层星形发动机曾经出现过四层二十八缸和四层三十六缸两种,因结构十分复杂,故很少使用。

以上每一项对发动机的划分,都是只说明发动机的某一个方面。对具体的发动机,应综合各种区别加以说明。例如,国产活塞五型(670 型)航空活塞式发动机,是九缸、单排星形、气冷式、气化器式发动机,并带有增压器。

美国塞斯纳 172R 飞机采用的莱康明(Lycoming)公司 IO-360-L2A 型发动机为水平对置、四汽缸、直接驱动(无减速器)、燃油喷射式、空气冷却、正常吸气式、四冲程航空活塞式发动机(见图 2-5)。"I"表示采用喷射式燃油调节装置;"O"表示汽缸为水平对置;"360"表示汽缸的总工作容积(单位为立方英寸);"L2A"表示该发动机的机匣、配重装置、磁电机等部件与其他 IO-360 发动机有区别。

普·惠R1830发动机

活塞发动机其他排列结构

图 2-4 单排星形发动机

图 2-5 塞斯纳 172R 飞机安装一台莱康明 IO-360-L2A 型发动机

2.2 基本工作原理

航空活塞式发动机将热能转变为机械能,是由活塞运动的几个行程来完成的。在四行程发动机中,活塞运动四个行程完成一个工作循环;在二行程发动机中,活塞运动两个行程完成一个工作循环。为了便于理解发动机的工作原理,先对活塞式发动机工作过程中涉及的基本名词进行介绍。

2.2.1 奥托循环与狄塞尔循环

活塞式发动机作为热机,其热能转变成机械能是通过气体膨胀做功实现的。如果要持续不断地输出机械功,就要使气体周期性地重复膨胀。要在气体完成一次膨胀后,继续下一次膨胀,就要再重复一次热力过程,再回到原来的气体状态,即进行一个热力循环过程。如果热力循环过程是可逆的,则该热力循环就是理想循环。

活塞式发动机的工作原理主要是奥托(Otto)循环和狄赛尔(Diesel)循环两种。

1. 奥托循环

航空活塞式发动机中的汽油机都是按奥托循环来工作的。如法国 TB-20 飞机使用的美国莱康明公司生产的 IO-540-C4D5D 发动机,奥地利钻石飞机 DA40 系列使用的 IO-360-

M1A 发动机以及庞巴迪 Rotax 912 S3 发动机等。

奥托循环由绝热压缩 1—2、等容加热 2—3、绝热膨胀 3—4 和等容放热 4—1 四个过程组成(见图 2-6)。这个循环首先由德国工程师奥托(Nicolaus August Otto)在 1876 年成功地应用于内燃机并由此得名。由于该循环在等容条件下加热,也称为等容加热循环。

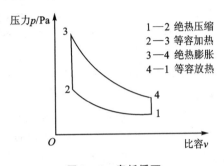

图 2-6 奥托循环

在奥托循环中,工质(燃气混合气)首先被活塞压缩,进行绝热压缩。在这个过程中,发动机对工质做功,气体压力、温度升高,为气体燃烧、膨胀做准备;然后进行等容加热,实际上是燃料燃烧释放出热能的过程,气体温度、压力急剧升高,为膨胀做功准备条件;而后进行绝热膨胀,在这个过程中,工质推动活塞做功,气体压力、温度降低;最后气体进行等容放热过程,工质向外界放出热量,气体的温度、压力降低,工质完成整个循环过程。

由此可见,发动机的工作过程就是,工质气体不断地燃烧,不断对汽缸内的活塞做功,使发动机不断输出机械功。这一切都依赖于燃料的可靠燃烧,因此必须确保可靠的点火源。

奥托循环热效率($\eta_{热}$):一次循环中,1 kg 工质气体对发动机所做的功与燃料热量的比值为

$$\eta_{热} = \frac{q_1 - q_2}{q_1} = 1 - \frac{1}{\varepsilon^{\gamma-1}}$$

式中,q_1 为单位工质所含热量;q_2 为单位工质散失到大气的热量;ε 为压缩比;γ 为绝热指数,空气的绝热指数 $\gamma_{空气} = 1.4$。

奥托循环热效率的大小取决于发动机的压缩比。压缩比越大,排出的废气散失到大气中不可利用的热能越少,气体被压缩得越厉害,加热后气体具有的膨胀能力就越强,可将更多的热能转换成机械功,随废气散失的热能越少,热的利用效率越高。发动机压缩比与循环热效率的关系曲线如图 2-7 所示。

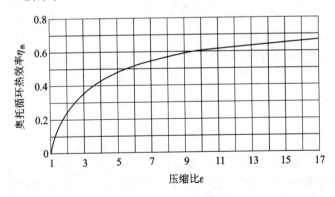

图 2-7 $\eta_{热}$-ε 关系图

2. 狄塞尔循环

活塞式发动机中四冲程煤油和柴油机采用的是狄塞尔循环。如奥地利钻石公司的 DA40 和 DA42 使用的 TAE125 涡轮增压柴油发动机。柴油发动机是由德国发明家鲁道夫·狄塞尔

(Rudolf Diesel)于1892年发明的,柴油发动机(diesel engine)也称为狄塞尔发动机。

狄塞尔循环又称为定压加热循环。狄塞尔循环是由绝热压缩1-2、等压吸热2-3、绝热膨胀3-4、等容放热4-1所构成的循环,见图2-8。

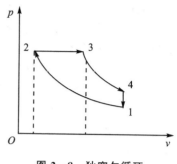

图2-8　狄塞尔循环

狄塞尔循环与奥托循环工作原理相似,不同之处在于:狄塞尔循环的进气行程只吸入空气;在压缩行程中活塞将空气压缩到温度足以点燃燃料而不需要电点火器;在活塞接近上止点时燃料直接喷入汽缸,高温压缩空气点燃燃料。

为达到高的空气温度,狄塞尔循环的压缩比可达14。狄塞尔循环也有四冲程和二冲程两种工作方式。狄塞尔循环的优点是效率高,可用较重和较便宜的燃料,如煤油和柴油。

2.2.2　汽缸中的燃烧

汽缸中的燃烧过程是指混合气在汽缸内燃烧放热的过程。其作用是使燃油释放出热能,提高气体的温度和压力,以便气体膨胀,推动活塞做功。因此,燃烧过程工作的好坏将直接影响发动机的工作。

航空发动机中,燃料(汽油、煤油、柴油)首先与空气均匀混合,形成可燃混合气,然后才进行燃烧。要使混合气中的燃料完全燃烧,混合气中油和气的比例必须适当,这是因为一定量的燃料只有与适量的空气混合,才能从空气中获得完全燃烧所需要的氧气。描述混合气中油和空气成分的参数主要为余气系数。

1 kg燃料完全燃烧所需要的最少空气量叫作理论空气量,用$L_{理}$表示。燃料的种类不同,理论空气量的数值也就不同。任何一种燃料的理论空气量都可由燃烧的化学反应式计算出来。常规大气条件下,氧在空气中的质量含量约为23.2%,经计算,航空汽油的理论空气量为15.1 kg空气/kg汽油,即完全燃烧1 kg汽油需要15.1 kg空气配合,航空煤油的理论空气量为14.7 kg空气/kg煤油。因此近似地讲,在常规大气条件下完全燃烧1 kg汽油或煤油所需要的最少空气量为15 kg。

发动机内的实际燃烧,混合气中的空气量和燃油量都可能变化。实际同1 kg燃料混合燃烧的空气量叫作实际空气量,用$L_{实}$表示。实际空气量不一定等于理论空气量。余气系数(excess air coefficient)就是混合气中实际空气量与理论空气量的比值,用α表示,即

$$\alpha = \frac{L_{实}}{L_{理}}$$

如果混合气中实际空气量小于理论空气量,则$\alpha < 1$。混合气燃烧时,由于氧气不足,燃料富裕,燃料不能实现完全燃烧,这种混合气叫作富油混合气。α比1小得越多,表示混合气越富油。

如果混合气中实际空气量大于理论空气量,则$\alpha > 1$。混合气燃烧时,由于氧气有剩余,燃料能够完全燃烧,这种混合气叫作贫油混合气。α比1大得越多,表示混合气越贫油。

如果混合气中实际空气量等于理论空气量,则$\alpha = 1$。混合气燃烧时,燃料能够完全燃烧,氧气也没有剩余。混合气既不贫油也不富油,这种混合气叫作理论混合气。

可见,余气系数的大小可以直观反映混合气贫油、富油程度,是影响发动机燃烧的重要参数。

发动机实际工作时,混合气的放热量直接影响发动机的功率和温度。对于单位质量混合气的放热量 $q_{混}$ 而言,只与混合气的余气系数 α 有关,其关系如图 2-9 所示。

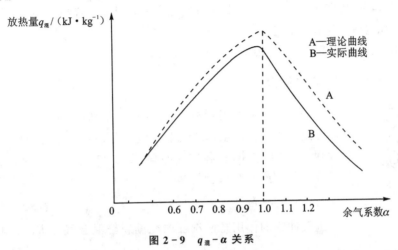

图 2-9　$q_{混}$-α 关系

从图中可以看出:当余气系数大于 1 过多时,尽管燃料可以完全燃烧,但由于剩余的空气较多,因此燃料释放出的热量被多余的空气吸收,最终使混合气发热量减小;当余气系数小于 1 过多时,因氧气不足,燃料不能完全燃烧,同时多余的燃料也将吸收热量,故混合气的发热量减小。实验表明,只有当余气系数稍小于 1 时(约为 0.97),混合气的放热量最大。

2.2.3　航空活塞式发动机基本概念

发动机工作时,活塞在汽缸内做往复直线运动,通过连杆连接,使曲轴做旋转运动。为了描述活塞的运动,机构常用名词如图 2-10 所示。

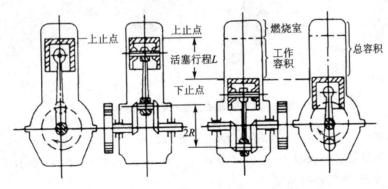

图 2-10　活塞式发动机机构常用名词

① 上止点:活塞顶距曲轴旋转中心的最远距离的位置。
② 下止点:活塞顶距曲轴旋转中心的最近距离的位置。
③ 曲轴转角:曲臂中心线与汽缸中心线的夹角。
④ 活塞行程:上止点与下止点间的距离。

　　⑤ 曲臂半径:曲轴旋转中心与曲颈中心的距离。由图可见,它与活塞行程的关系为
$L=2R$。

　　⑥ 燃烧室容积:活塞在上止点时,活塞顶与汽缸头之间形成的容积。

　　⑦ 汽缸工作容积:上止点与下止点之间的汽缸容积。

　　⑧ 汽缸全容积:活塞在下止点时,活塞顶与汽缸头之间形成的容积。显然,汽缸全容积也等于燃烧室容积与汽缸工作容积之和。

　　⑨ 压缩比 ε:汽缸全容积 $V_全$ 与燃烧室容积的比值。

2.2.4　四行程发动机工作原理

活塞式发动机
工作过程

　　在四行程活塞式发动机中,每完成一个循环,活塞在上止点与下止点之间往返两次,连续地移动了四个冲程,分别叫作进气冲程、压缩冲程、膨胀冲程(又称工作冲程)和排气冲程。图 2-11 所示为活塞式发动机的工作过程,下面分别加以说明。

　　1. 进气冲程

　　进气冲程的作用是使汽缸内充满新鲜混合气。进气冲程开始时,活

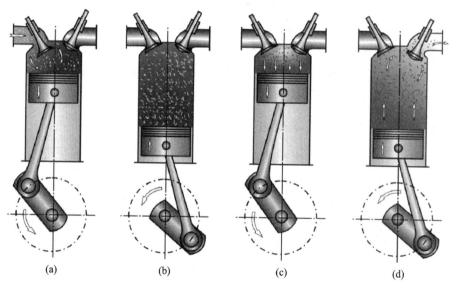

(a)　　　　　　(b)　　　　　　(c)　　　　　　(d)

图 2-11　活塞式发动机的工作过程

塞位于上止点,进气门打开,排气门关闭。活塞在曲轴的带动下,由上止点向下止点运动,汽缸容积不断增大,新鲜混合气被吸入汽缸,如图 2-11(a)所示。曲轴转动半圈(180°),活塞到达下止点,进气门关闭,进气冲程结束。

　　2. 压缩冲程

　　压缩冲程的作用是对汽缸内的新鲜混合气进行压缩,为混合气燃烧后膨胀做功创造条件。压缩冲程开始时,活塞位于下止点,进、排气门关闭。活塞在曲轴的带动下,由下止点向上运动,汽缸容积不断缩小,混合气受到压缩,如图 2-11(b)所示,气体的温度和压力不断升高。当曲轴旋转半圈,活塞到达上止点时,压缩冲程结束。在理论上,当压缩冲程结束的一瞬间电

火花将混合气点燃并完全燃烧,放出热能,气体压力和温度急剧升高。

混合气经压缩后,吸气式发动机,压力 p 为 $9\sim12$ kgf/cm² 88.2$\sim$117.6 N/cm²,温度 T 为 $500\sim600$ K;增压式发动机,压力 p 为 $20\sim30$ kgf/cm² 196$\sim$294 N/cm²,温度 T 为 $700\sim800$ K。

汽缸压缩比 ε 越高,说明混合气受压缩的程度越厉害,气体的压力和温度提高得越多,发动机效率越高。提高压缩比可有效改善发动机的性能。这是因为:①气体温度越高,活性中心的浓度越大,有利于混合气的着火和燃烧(v_p 提高);②气体压力越高,其燃烧后燃气所具有的膨胀能力越强,膨胀功越大;③混合气在较小的容积内燃烧,散热损失较少,经济性越好。因此,提高压缩比可以提高发动机的功率,经济性变好。

但是,压缩比也不能无限制地增大,因为压缩比提高到一定程度时,再进一步增加压缩比,热利用率的提高已不再显著,同时还会带来不良后果:①混合气压力和温度过高,容易产生早燃和爆震等不正常现象;②混合气燃烧后,燃气压力、温度过高,发动机机件承受过大的负荷,容易损坏。因此,采用过大的压缩比也是不适宜的。

实际上发动机在选择汽缸压缩比时要受到燃油的抗爆性及发动机的机件强度等诸多因素的限制。目前航空活塞式发动机的压缩比范围为 $5\sim9$。

3. 膨胀冲程

膨胀冲程的作用是使燃料的热能转换为机械能。膨胀冲程开始时,活塞位于上止点,进、排气活门关闭。燃烧后的高温高压燃气猛烈膨胀,推动活塞,使活塞从上止点向下止点运动,如图 2-11(c)所示。这样,燃气对活塞便做了功。在膨胀冲程中,汽缸容积不断增大,燃气的压力、温度不断降低,热能不断地转换为机械能。当活塞到达下止点时,曲轴旋转了半圈,膨胀冲程结束,燃气也变成了废气。

4. 排气冲程

排气冲程的作用是将废气排出汽缸,以便再次充入新鲜的混合气。排气冲程开始时,活塞位于下止点,排气门打开,进气门仍关闭。活塞被曲轴带动,由下止点向上止点运动,废气被排出汽缸,如图 2-11(d)所示。当曲轴转了半圈,活塞到达上止点时,排气冲程结束,排气门关闭。

排气冲程结束后,又重复进行进气冲程、压缩冲程、膨胀冲程和排气冲程,航空活塞式发动机就是这样周而复始地往复运动的。从进气冲程开始到排气冲程结束,活塞运动了四个冲程,完成了一个工作循环。一个循环结束后又接着下一个循环,热能不断地转变为机械能,发动机连续不断地工作。因此,活塞式发动机每完成一个工作循环,曲轴转动两圈($4\times180°=720°$),进、排气门各开关一次,点火一次,气体膨胀做功一次。

活塞在四个冲程运动中,只有膨胀冲程获得机械功,其余三个冲程都要消耗一部分功,消耗的这部分功比膨胀得到的功小得多。因此,从获得的功中扣除消耗的那部分功,剩下的功仍然很大,用于带动附件和螺旋桨转动。

以上讨论的是发动机一个汽缸内的工作情形,实际上航空活塞式发动机都是由多汽缸组成的,虽然每个汽缸内的活塞都是按四冲程的方式工作,但各汽缸内的相同行程并非同时进行,而是此起彼伏,按一定次序均匀错开的。这样安排的目的是保证活塞推动曲轴的力量比较均匀,使发动机的运转较为平稳。

　　汽缸的工作次序与汽缸的排列形式有关,如单排星形九缸活塞式发动机(见图2-12),其9个汽缸按照逆时针顺序从1~9编号,为使9个汽缸内气体膨胀做功均匀错开,曲轴每转过80°(720°/9=80°)就应有一个汽缸点火。而1号与3号、3号与5号、5号与7号……8号与1号之间相隔都是80°。当曲轴按逆时针旋转时,1号汽缸点火后,接着就应该是3号,然后是5号、7号、9号、2号、4号、6号、8号,即汽缸的点火次序为1→3→5→7→9→2→4→6→8→1。

活塞发动机工作次序

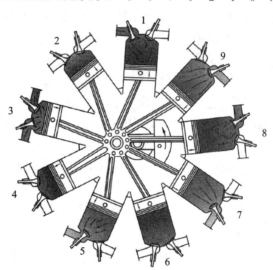

图2-12　九缸星形活塞式发动机汽缸工作次序

　　与四冲程发动机相比,二冲程发动机构造简单,曲轴每转过一周就有一个做功的冲程;而四冲程发动机则每转两周才有一个做功的冲程。理论上,若二者在膨胀过程做功相同,则二冲程发动机的功率为四冲程发动机功率的2倍。但二冲程发动机的做功冲程并不如相当的四冲程发动机有效,这是因为它燃烧前的混合气内混合有大量的废气,且有一部分新鲜的混合气未经燃烧即由排气口排出,难以避免扫气过程(进、排气重叠期成为扫气期)的废弃排出损失,导致油耗高,很不经济。

　　二冲程活塞式发动机热效率低,冷却和润滑困难,但由于其结构简单,质量较轻,运动部件少,维护方便,升功率密度大的优点,能够达到某些超轻型飞机特别是低空短航时无人机的要求,此类飞行器有所采用。例如西北工业大学无人机所为靶机和小型无人机研制了活塞350、活塞510、活塞700等二冲程活塞式发动机。

2.3　增压式发动机

2.3.1　增压器的作用

　　发动机所产生的功率与其所吸入的空气量有十分密切的关系,但吸入的空气量是由汽缸的大小和数目决定的,是一个固定的数值。曲轴的转速由油门开启的大小位置而定,但空气的密度随着飞行高度的增加而减小。所以,发动机功率的输出是与空气密度成正比的。表2-1说明了发动机功率随高度或空气密度改变的情形。

表 2-1　航空活塞式发动机的功率随飞行高度的改变

高度/m	大气压/atm	空气密度/%	功率/%
0	1.00	100	100
1 200	0.86	88	88.0
2 400	0.74	78.5	76.6
3 000	0.69	73.3	71.2
3 600	0.64	69.3	66.0
4 200	0.59	65.5	61.4
4 800	0.55	61.7	57.2
5 500	0.51	58.1	52.9
6 100	0.47	54.5	48.8
6 700	0.44	51.5	45.0
7 300	0.41	48.5	41.3
8 000	0.38	45.8	38.0
8 500	0.35	43.5	34.9

从表 2-1 可以看出,随着飞行高度的增大,发动机的功率降低,产生单位功率所消耗的燃料量也增大,这是因为由轴承及活塞之间的摩擦所消耗的动力是固定不变的。因此,发动机的效率就会降低,导致发动机的高空性能变差。气化器中虽然有高度调整装置,但它只能维持混合气中汽油及空气的比值不变,并不能补救高空动力的降低。

高空动力的降低可以使用增压器来补救。增压器是一个由发动机带动的空气泵,可以增大进入发动机空气的压力,使发动机的进气压力在不同高度保持为常数。发动机通过增压器增大发动机的进气压力,可以增大发动机的有效功率,改善飞机的起飞性能和发动机的高空性能。

增压器不仅可以在高空时保持发动机的功率,还可以在海平面增加发动机的功率,使其超过它的额定进气压力,帮助飞机起飞和爬升。因此,增压器的作用有两项:海平面增压和高空增压。

增压发动机在地面的使用:用于改善高空性能的增压发动机都有一个额定高度。在此高度时,发动机的功率最大,并且一切的机件强度都是以此高度为根据设计而成的。当在地面使用发动机时,如果完全放开油门,因地面空气密度比高空大,发动机各个机件要承受很大的载荷,受热严重,所以在地面这种情况下使用较久时,发动机将发生损伤。此外增压器将高于地面压力的空气输送到汽缸中,使混合气的压缩比超过了额定压缩比,将会引起发动机的爆震。因此,在地面使用增压发动机时,不能全程使用最大功率,只能用额定功率。油门放在巡航位置上,只有在起飞时为了增大螺旋桨的拉力,允许在发动机规定的两三分钟内使用最大油门,以增大发动机的输出功率。一般在增压发动机的进气管上都装有卸荷活门,以防进气压力超过额定值过多,损坏发动机。

增压发动机在高空的使用:增压器用在航空发动机上的主要目的就是避免发动机的功率随着高度的增加而降低。通过对增压器的控制,使其在一切高度上都能保持与海平面相同的进气压力,直到临界高度为止。所谓临界高度(或称额定高度),就是增压器所能保持与海平面相同的进气压力的最大高度。临界高度是以增压器及发动机两方面的气体量来决定的。增压器输出的气体量越多,临界高度也越高。

2.3.2 增压器的分类

活塞式发动机上的增压器按照传动装置的布置分为内(传动)增压器和外(废气涡轮)增压器两种,相应的增压分为内增压、外增压和混合增压三种方式。

1. 内增压器

内增压器由进气通道、离心式叶轮、扩散器和分气室等部分组成,如图 2-13 所示。发动机工作时,曲轴通过传动装置带动增压叶轮高速旋转,混合气流过叶轮时,高速旋转的叶轮对气体做功,压缩混合气,提高混合气的压力,当混合气流过扩散器时,由于扩散的通道是扩张形的,使混合气减速增压,然后通过分气室,进入各汽缸。

2. 外增压器

外增压器通常采用废气涡轮增压器。主要结构为:离心式叶轮、废气涡轮、废气门和控制系统(见图 2-14)。

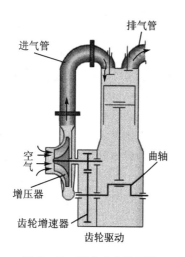

图 2-13　离心式内增压器

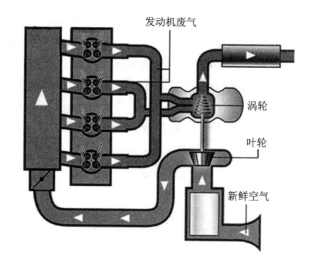

图 2-14　废气涡轮增压器示意图

废气涡轮是一个向心式的叶轮(见图 2-15),或是由导向器和工作叶轮组成的轴流式涡轮。发动机工作时,从各个汽缸排出的高温废气通过废气涡轮时膨胀做功,带动外增压器叶轮压缩吸进的空气。

废气涡轮输出功率的大小可以通过改变废气门的开度来控制。废气门位于废气收集器上,其作用是控制进入废气涡轮的废气流量,调整或保持废气涡轮和增压叶轮的转速。

当废气门全开时,所有的废气都不通过废气涡轮,而通过尾喷管直接排入大气;当废气门全关,所有的废气先通过废气涡轮,然后再经过尾喷管排入大气;当废气门部分打开时,则相应数量的废气通过废气涡轮,另外的废气进入尾喷管。

3. 混合增压式发动机

有些大功率活塞式发动机采用两级增压。废气涡轮增压器作为第一级,内增压器为第二级。

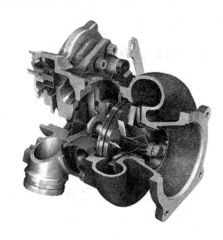

图 2 - 15　废气涡轮增压器外观和剖视图

发动机工作时,空气从进气口经过滤后,首先进入废气涡轮增压器,经第一次压缩后,通过中间冷却器降低温度,再进入内增压器经第二次压缩,最后通过进气管流入各汽缸。

混合增压式发动机的工作原理如图 2 - 16 所示。

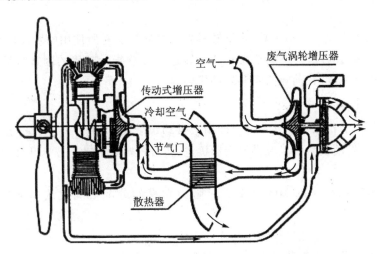

图 2 - 16　混合增压式发动机的工作原理

两级增压器增压能力强,在增加空气压力的同时,空气温度也随之升高,从而提高进气温度,这样会降低进气密度使填充量减小,而且进气温度高还会引起不正常的燃烧,如爆震等现象,故在内、外增压器之间安装有中间冷却器。利用中间冷却器降低增压后的空气温度,将进气温度降至保持正常燃烧的要求。中间冷却器使用的冷却介质通常为外界的空气。

2.4　航空活塞式发动机性能参数

活塞式发动机的功率大小和经济性的好坏是衡量其性能的主要指标。发动机的功率包括本身所消耗的各种功率和发动机输出带动螺旋桨的那部分功率。发动机的经济性是指燃料的消耗率和效率等。通过研究发动机的功率和经济性的概念,可以评价发动机的性能并且为正确使用发动机打下基础。

2.4.1　发动机的功率

1. 指示功率

发动机实际循环的指示功等于循环的膨胀功与压缩功之差,用符号 W_i 表示。指示功率就是发动机在单位时间内完成的指示功,用符号 P_i 表示。设发动机的汽缸数为 i,发动机的曲轴转速为 $n(\mathrm{r/min})$,那么一个汽缸每秒的循环数应该是 $\dfrac{n}{2\times 60}$。

指示功率是一个汽缸在一次循环中对活塞所做的功,故指示功与汽缸数和每秒钟循环数的乘积就是指示功率。其表达式如下:

$$P_i = \frac{W_i \cdot i \cdot n}{2\times 60}(\mathrm{kg \cdot m/s}) \tag{2-1}$$

发动机的指示功率所包含的能量是一种机械形式的能量,已经不是热量形式的能量。由于燃料燃烧不完全、燃烧产物分解、汽缸壁的散热及废气带走的热量等,造成了热量损失,使得燃料所包含的热能没有被全部利用。因此,发动机的指示功率所包含的机械能量只占燃料总热量的一部分。

指示功率的大小决定于指示功、汽缸数和发动机转速。对所使用的发动机来说,汽缸数不变,可以不考虑,指示功率只决定于指示功和转速。影响指示功率的因素有混合气的余气系数、进气压力、进气温度、提前点火角和发动机转速。

2. 阻力功率

发动机所得到的指示功率并不是全部用来带动螺旋桨的,其中有一部分是用来克服机件之间的摩擦、带动发动机附件以及供给发动机进、排气所需要的动力。这几部分消耗的功率之和称为阻力功率。

阻力功率占指示功率的 $10\%\sim15\%$。阻力功率的分配情况大致如下(假设阻力功率为 100%):

- ➢ 活塞与汽缸壁的摩擦损失功率为 $45\%\sim65\%$;
- ➢ 减速器内部摩擦损失功率为 $10\%\sim15\%$;
- ➢ 连杆、曲轴、曲轴轴承之间的摩擦损失功率为 $5\%\sim10\%$;
- ➢ 气门机构摩擦损失功率为 $5\%\sim10\%$;
- ➢ 带动附件消耗功率为 $5\%\sim10\%$;
- ➢ 进、排气损失功率为 $10\%\sim15\%$。

显而易见,阻力功率越大,用于带动螺旋桨的功率就越小,发动机获得的有效功率就越小。因此,应尽可能将阻力功率减小到最小,这就要从影响阻力功率的因素着手。影响阻力功率的因素有发动机转速、滑油温度、进气压力、大气压力和温度、压缩比。

3. 有效功率

发动机发出的指示功率,在扣除消耗于发动机本身的阻力功率和增压器(对于增压式发动机)功率之后,剩下的用于带动螺旋桨的功率叫作有效功率,用 P_e 表示。

对吸气式发动机,其有效功率等于指示功率与阻力功率之差。对增压式发动机,其有效功率等于指示功率减去阻力功率和增压器功率。由于发动机安装了增压器,虽然多消耗一部分功率,但增压器提高了进气压力,增大了指示功率,指示功率的增加量比带动增压器消耗的功率大得多。因此,带增压器的发动机的有效功率比吸气式发动机的大。

指示功率是发动机能发出的功率,带动螺旋桨的有效功率是指示功率的一部分。根据这个含义,也可以得到有效功率的公式:

$$P_e = \frac{W_e \cdot i \cdot n}{2 \times 60} (\text{kg} \cdot \text{m/s}) \tag{2-2}$$

通常所说的发动机功率,在没有特别说明的情况下,指的都是发动机的有效功率。

有效功率的影响因素有进气压力、进气温度、提前点火角、曲轴转速、滑油温度、混合气余气系数。

2.4.2　发动机的经济性指标

对发动机来说,除了要求动力性能好之外,还要求经济性好。而发动机的效率和燃料消耗率是衡量发动机经济性的主要指标。

1. 发动机的效率

发动机的效率包括指示效率、机械效率和有效效率。

（1）指示效率

在发动机的实际循环中,指示效率等于转化成指示功的热量与一个循环中所加燃料的理论放热量之比,即

$$\eta = \frac{AW_i}{Q} \tag{2-3}$$

指示效率越高,说明转变为指示功的热量越多,热损失越小,发动机的热利用程度越好。因此,应使热损失尽量减小来提高指示效率。目前,航空活塞式发动机的指示效率一般在0.25～0.38范围内。也就是说,燃料的热量只有25%～38%转变为指示功,而62%～75%的热量被损失掉了。

（2）机械效率

发动机得到的指示功,实际上是不可能全部用于带动螺旋桨的,因为发动机得到的指示功还得拿出一部分用于克服机件的摩擦、带动附件和补偿进、排气功的损失;对于增压式发动机,还得多用一部分功去带动增压器。从指示功中拿出来的这部分消耗于发动机机件本身的功称为机械损失。

机械损失的大小可以用发动机的机械效率来衡量。发动机有效功与指示功的比值称为机械效率,用 η_m 表示,即

$$\eta_m = \frac{W_e}{W_i} \tag{2-4}$$

机械效率高,说明消耗于发动机本身的机械损失就小,用于带动螺旋桨的功就多。目前航空活塞式发动机的机械效率,吸气式发动机为0.8～0.9,增压式发动机因为要带动增压器,机械效率要低一些,为0.7～0.86。

（3）有效效率

有效功的热当量 AW_e 与每一循环的理论放热量的比值为有效效率,用 η_e 表示,即

$$\eta_e = \frac{A W_e}{Q} \qquad\qquad (2-5)$$

有效效率表示供给发动机的燃料所含热能的有效利用程度。有效效率越高,说明供给发动机的燃料所含的热能转换为有效功的热量就越大,用于带动螺旋桨的功就越多。

燃料的理论放热量扣除了热损失后得到了指示功,指示功再扣除机械损失得到有效功。因此,有效效率的大小,既考虑了燃料的理论放热量转换成指示功过程中的热损失,又考虑了指示功转换成有效功过程中的机械损失,所以有效效率说明了总损失的大小,是衡量发动机经济性的一个重要指标。有效效率高,发动机的总损失小,经济性好;有效效率低,发动机的总损失大,经济性差。

由于

$$\eta_m \cdot \eta_i = \frac{W_e}{W_i} \cdot \frac{A W_e}{Q} = \frac{A W_e}{Q} = \eta_e \qquad\qquad (2-6)$$

因此

$$\eta_e = \eta_m \cdot \eta_i \qquad\qquad (2-7)$$

式(2-7)表明,有效效率等于机械效率与指示效率的乘积。

目前,吸气式发动机的有效效率在 0.20~0.32 范围内,增压式发动机由于带动增压器多消耗一部分功,其有效效率要低一些,在 0.16~0.28 范围内。

总的来说,发动机的指示效率是评价热能转变为机械功过程中热能损失大小的指标;机械效率是评价机械损失大小的指标;有效效率是评价活塞式发动机总的能量损失大小的指标,是衡量发动机经济性的重要指标之一。

2. 发动机的燃油消耗率

(1) 燃油消耗量

发动机每小时消耗的燃油质量叫作燃油消耗量,用 G 表示,单位是 kg/h。

当两台发动机发出同样的功率时,燃油消耗量小的发动机显然比燃油消耗量大的发动机的经济性能更好。当两台发动机发出不同的功率时,单看燃油消耗量就不能比较出发动机经济性的好坏了。

例如,甲发动机发出的有效功率为 50 kW,燃油消耗量为 16 kg/h,乙发动机发出的有效功率为 600 kW,燃油消耗量为 165 kg/h。能不能说甲发动机的燃油消耗量小就比较经济呢?显然不能,因为两台发动机发出的功率不同。要比较上述两台发动机的经济性的好坏就必须引入燃油消耗率的概念。

(2) 燃油消耗率

发动机产生 1 kW 有效功率,在 1 h 内所消耗的燃油质量,叫作有效燃油消耗率,简称燃油消耗率,用 sfc 表示,其单位为 kg/(kW·h),即

$$\text{sfc} = \frac{G}{P_e} \qquad\qquad (2-8)$$

由式(2-8)可以算出两台发动机的燃油消耗率的大小,甲发动机为 0.32 kg/(kW·h),乙发动机为 0.275 kg/(kW·h)。因此,乙发动机的经济性比甲发动机好。

燃油消耗率不仅考虑到了每小时燃油消耗量的大小,而且还考虑到了发动机功率的大小。它是衡量发动机经济性的又一重要指标。

　　燃油消耗率和有效效率都是衡量发动机经济性的指标,发动机的燃油消耗率是从消耗燃料多少的角度来衡量发动机的经济性的,有效效率是从能量损失的角度(热损失和机械损失)来衡量发动机的经济性的。两者是统一的,有效效率高,说明能量损失小,要得到同样的有效功率,燃料消耗率就必然小。

2.4.3　其他性能参数

　　活塞式发动机的主要要求是质量小、功率大、尺寸小和油耗低等,因此除了功率和经济性之外,还有如下一些常用的性能指标:

　　功重比——有效功率与质量(重量)的比值。功重比越大,越有利于改善飞机的飞行性能。先进的活塞式发动机的功重比可达 1.85 kW/daN。

　　排量——各缸工作容积的总和,即活塞从上止点到下止点所扫过的气体容积乘以汽缸数。理论上来说,排气量越大发动机的输出功率就越大。

　　升功率——发动机每升排量所发出的功率,单位是 kW/L。升功率是衡量活塞式发动机技术水平的一个重要指标,一般为 22～29 kW/L,个别达到 59 kW/L。

　　以上参数均为衡量活塞式发动机性能的参数,典型航空活塞式发动机的性能参数见表 2-2。

表 2-2　典型航空活塞式发动机性能参数

发动机型号	生产年份	布局方式	冷却方式	汽缸数	排量/L	功率/kW	质量/kg	功重比/(kW/daN)
莱　特	1903 年	直列	液冷	4	3.28	8.95	81.27	0.112
安赞尼	1910 年	星形	气冷	3	3.11	22.37	54.94	0.415
诺　姆	1908 年	旋转汽缸	气冷	7	8.00	37.29	74.91	0.508
本特利 BR2	1918 年	旋转汽缸	气冷	9	24.94	171.51	227	0.771
罗·罗"秃鹰"	1918 年	V 形	液冷	12	35.04	484.71	590.2	0.838
莱特 J-5	1925 年	星形	气冷	9	12.91	164.05	231.54	0.723
罗·罗海林	1936 年	V 形	液冷	12	27.04	768.07	599.28	1.307
梅赛德斯 D-B601	1938 年	V 形	液冷	12	33.90	1 014.15	699.16	1.480
纳皮尔"佩刀"	1940 年	V 形	液冷	12	36.71	1 640.54	1 135	1.474
艾利逊 V-1710	1941 年	V 形	液冷	12	28.02	932.13	724.3	1.313
普·惠 R-4360	1945 年	星形	气冷	28	71.45	2 237.1	1 634.4	1.396
大陆 O-200	1959 年	水平对缸	气冷	4	3.29	74.57	85.35	0.891
莱康明 O-540	1959 年	水平对缸	气冷	6	8.88	86.43	79.78	1.105
莱康明 XR-7755*	20 世纪 40 年代中	星形	液冷	36	127.08	2 982.8	2 746.7	1.108
莱康明 IO-540K	20 世纪 60 年代	水平对缸	气冷	6	8.88	223.71	201.12	1.129
Rotax914	1989	水平对置	气/液	4	1.21	73.5	64.0	1.172

　　* 莱康明 XR-7755 是曾服役的最大的航空活塞式发动机,为 B36 轰炸机研制。

思考题

1. 活塞式发动机的冷却形式有几种？各自的优缺点是什么？
2. 增压式活塞式发动机有何优点？
3. 奥托循环与狄塞尔循环有什么异同？
4. 什么是余气系数？余气系数与单位质量混合气的放热量有什么关系？
5. 简述四冲程活塞式发动机的工作过程。
6. 试比较四冲程活塞式发动机和二冲程活塞式发动机的特点。
7. 简述废气涡轮增压器的工作原理。
8. 什么是活塞式发动机的指示功率？影响活塞式发动机指示功率的因素有哪些？
9. 活塞式发动机中的阻力功有哪些？
10. 指示效率、机械效率、有效效率是用来评价发动机的哪些指标？
11. 甲发动机发出有效功率为 150 kW，燃油消耗量为 60 kg/h，乙发动机发出有效功率为 60 kW，燃油消耗量为 15 kg/h。试比较上述两台发动机的经济性。

第3章

航空活塞式发动机的构造与工作系统

3.1 航空活塞式发动机的主要机件

航空活塞式发动机的主要机件包括汽缸(cylinder)、活塞(piston)、连杆(connecting rod)、曲轴(crankshaft)、气门机构(valve mechanism)、机匣(engine case)等,如图 3 - 1 所示。

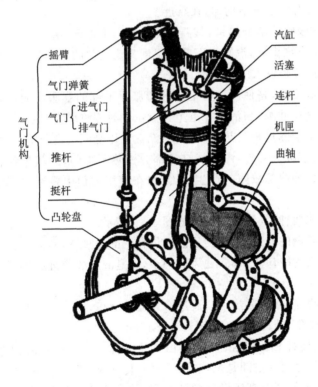

摇臂
气门弹簧
气门　进气门
　　　排气门
气门机构
推杆
挺杆
凸轮盘

汽缸
活塞
连杆
机匣
曲轴

星形发动机组装

图 3 - 1 活塞式发动机的主要机件

3.1.1 汽缸活塞组件

汽缸活塞组件包括汽缸、活塞、活塞销和涨圈四个部分,用来将混合气燃烧后产生的热能转变为机械能。发动机工作时,汽缸活塞组件处于高温、高压环境中。为了工作可靠,一方面,从结构设计上采取相应措施;另一方面,在使用维护中应防止各机件受力、受热过于严重。

汽缸呈圆筒形,固定在机匣上。汽缸内壁是燃烧室的组成部分,在发动机工作时,汽油和空气的混合物在燃烧室中被点火燃烧变为高温、高压燃气，通过燃气膨胀使热能转变为机械能。汽缸一般都由汽缸头和汽缸身两部分组成，如图 3 - 2 所示。

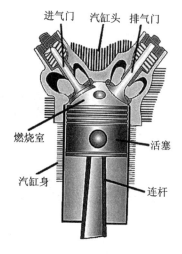

汽缸身由合金钢制成，以确保其结构强度。汽缸头则由导热性较好且质量较轻的铝合金制成。汽缸头上装有进气门、排气门和电嘴等部件。为加强散热，气冷式发动机的汽缸头和汽缸身都装有许多散热片。此外，为减轻活塞高速往复运动而产生的摩擦和磨损，汽缸身内表面经过了仔细研磨抛光处理。航空活塞式发动机都是多汽缸发动机，汽缸的数目随发动机的类型及功率大小不同而不同。

当燃料在汽缸内燃烧时，放出大量的热，使汽缸、活塞等机件受热。温度最高的部位是汽缸头部内表面，其燃气温度可达 2 100～2 500 ℃，而且还很不均匀，在靠近

图 3 - 2　汽　缸

进气门的地方，由于新鲜混合气吸收了部分热量，其温度比排气门附近低；由于燃气膨胀做功，温度不断降低，汽缸身的温度比汽缸头低，汽缸身下部的温度又比上部的温度低。汽缸各部分的温差可达200～220 ℃，给汽缸带来较大的热负荷。

由于汽缸身的上部比下部温度高，将使汽缸身上部的膨胀比下部的膨胀大而产生锥形变形。因此汽缸的间隙和涨圈的开口间隙，在活塞靠近上止点位置时都将增大，造成汽缸活塞组件各机件的工作条件变差。为了消除这种受热不均匀，使汽缸工作受到不良影响，在发动机的制造过程中，采用了收缩变形的汽缸。另外，由于汽缸各部分受热不均匀，必然导致各部分膨胀不一致，容易引起汽缸头裂纹、翘曲等故障的产生。因此，在使用过程中要严防汽缸头部温度过高和温度的急剧变化。

汽缸可分为液冷式和气冷式两种，其汽缸的形状如图 3 - 3 所示。

液冷式汽缸的外面包有铝或钢的散热液套，使散热液体在它的包裹下循环流动，将过热的汽缸上的热量带走。液冷式汽缸的冷却效率高，迎风面积小，但是液冷式汽缸必须配备一个循环冷却系统，结构复杂。

气冷式汽缸的外部有许多肋片，称为散热片。通过增大散热面积，提高散热效率。采用气冷式汽缸有利于减轻发动机的质量，结构简单，有利于维修。

活塞装在汽缸里面，并通过连杆和曲轴相连，曲轴由机匣支撑。活塞在汽缸内做往复运动。其顶面和汽缸头部的内表面之间的空间是燃烧室，活塞上装有数个弹性很强的活塞环，又称为涨圈，其作用是防止燃烧室内的高温高压燃气向外泄漏，并防止滑油从外部进入燃烧室，起到密封和润滑的作用，如图 3 - 4 所示。

活塞销连接活塞和连杆，承受活塞往复运动时的惯性力和气体力，并且传递给连杆。活塞销由合金钢管材加工而成，表面进行了硬化和研磨。活塞销是全浮动式的，它可以在活塞和连杆轴承中间自由转动，具有磨损均匀，构造简单，安装方便，使用寿命长的特点。活塞销安装好后，两端用铝塞塞住，避免销头划伤汽缸内壁。活塞销采用泼溅润滑，活塞销堵头上有通气孔，用以防止活塞销内腔的压力增大。

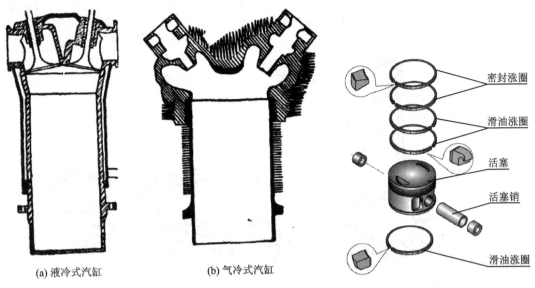

(a) 液冷式汽缸　　　　　　(b) 气冷式汽缸

图 3 - 3　汽缸的形状

密封涨圈
滑油涨圈
活塞
活塞销
滑油涨圈

图 3 - 4　活塞与涨圈

　　涨圈装在活塞的涨圈槽内,借本身的弹力,紧压在汽缸内壁上。活塞涨圈的作用是:防止混合气或者高温燃气漏入机匣,并阻止机匣内的滑油进入汽缸。一般情况下,涨圈分为封严涨圈和刮油涨圈两类。封严涨圈装在活塞头的封严涨圈槽内,防止高压气体从汽缸进入机匣,同时活塞顶部吸收的热量通过它传给汽缸壁。刮油涨圈装在活塞头下部的刮油涨圈槽内,使滑油分布于汽缸壁,以减少活塞与汽缸壁的磨损,同时将多余的滑油刮下,流回机匣,避免滑油进入汽缸内部。

　　涨圈在高温、高压下工作,润滑比较困难,由于气体力的原因,活塞的运动速度和方向处于急剧变化的状态,不仅涨圈的外表面容易受到严重磨损,而且端面还要受到冲击负荷。因此,涨圈要求有很高的强度和足够的耐磨性。大多数涨圈都是由高级铸铁铸造的,制成后,将其研磨到所设计的型面。有些发动机的活塞顶部涨圈由低碳钢加表面镀铬制成,以提高其承受高温的能力。

3.1.2　连　杆

　　连杆的作用是将活塞与曲轴连接起来,将活塞的往复直线运动转变为曲轴的旋转运动。连杆必须有足够的强度,以便在承受负荷时能保持刚性。另外,连杆必须很轻,以便当连杆和活塞停止运动、改变方向及从每个行程的止点再次开始运动时减少惯性力。

　　连杆从结构上分为单杆式连杆、交叉式连杆和主副式连杆。

　　1. 单杆式连杆

　　单杆式连杆主要用在直列型和水平对置型发动机上,如莱康明 IO - 540 - C4D5D 发动机。该连杆分为小头、杆身和大头 3 个部分,如图 3 - 5 所示。小头绕活塞销摆动;大头绕连杆轴颈转动;整个连杆又做往复运动。在直列型和水平对置型的汽缸中,各连杆的运动是一致的。

　　2. 交叉式连杆

　　交叉式连杆是将单杆式连杆以交叉一定角度安装在同一曲柄上,如图 3 - 6 所示,所用的曲柄就是普通单杆式连杆所用的曲柄。交叉式连杆用在 V 形发动机上,叉片在曲柄端是分开的,以给片杆留出空间,使片杆安装在两个叉尖之间。

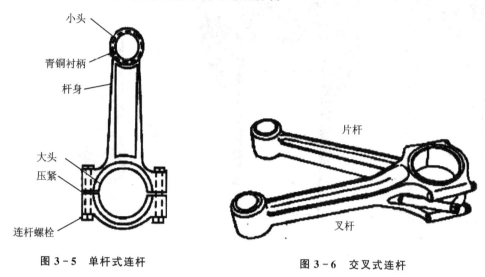

图 3-5　单杆式连杆   图 3-6　交叉式连杆

3. 主副式连杆

星形发动机上通常用主副式连杆机构。每一排中有一个汽缸的活塞通过主连杆与曲轴连接,其他汽缸的活塞通过副连杆连接到主连杆上。

主连杆是活塞销与曲柄销的连接杆件。曲柄销端称为大端,容纳曲柄销或主连杆轴承端周围的凸缘供副连杆连接到主连杆上。活塞销端称为活塞端,又叫小端,与 1 号汽缸中的活塞相连。装配时,副连杆销被压入连杆的孔内,一个滑动轴承安装在主连杆的活塞端,以便装入活塞销,如图 3-7 所示。

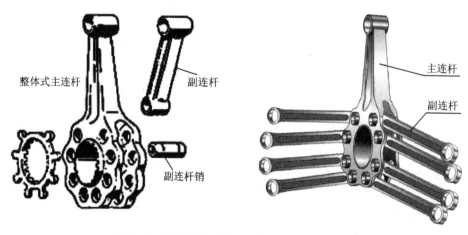

图 3-7　星形活塞式发动机主连杆及其组成

3.1.3　曲柄和曲轴

曲柄是发动机的主要部件,将活塞和连杆的往复直线运动转变为旋转运动,使螺旋桨和附件转动,是活塞式发动机受力最大的部件。因此,曲柄的强度和刚度比较大,通常是由高强度合金钢锻造而成的。

曲柄是一个包括有一个或者多个曲柄的轴。这些轴沿长度方向位于规定的位置。图 3-8 所示为国产活塞五型九缸星形发动机的单曲柄曲轴,其主要由轴颈、曲臂和曲颈组成。轴颈被主轴承支撑,在主轴承中旋转。曲颈用来安装连杆,它与主轴颈偏心。两个曲臂和一个曲颈构成一个完整的曲柄。由于外表面用渗氮的方法进行了强化,增加了表面的抗磨损性。曲颈通常是空心的,这不但可以减轻曲

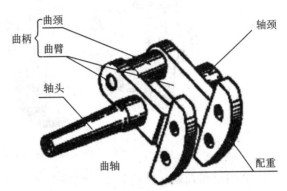

图 3-8　单曲柄曲轴

轴的质量,而且为润滑油提供了通道。空心的曲颈也是一个收集淤泥、积炭和其他杂质的空腔。在一些发动机上,在曲臂上钻上油路,使润滑油能从空心的曲轴中传过来甩到汽缸壁上。曲臂将曲颈和主轴颈连接起来。有些发动机的曲臂伸过轴颈,而且装上平衡块来平衡曲轴。曲臂必须有很高的强度以获得曲颈和主轴颈之间所需的刚度。

曲柄的形式因发动机的汽缸数目及排列方法的不同而不同。常用的多曲柄曲轴如下:

1. 直立型四缸及 V 形八缸发动机的曲轴

第 1、2 曲拐与第 3、4 曲拐间各互隔 180°,第 2 与第 3 曲拐在同一角度上,如图 3-9 所示。

2. 直立型六缸及 V 形十二缸发动机的曲轴

第 1、2、3 曲拐与第 4、5、6 曲拐间各互隔 120°,第 3、4 曲拐在同一角度上,如图 3-10 所示。

图 3-9　直立型四缸及 V 形八缸发动机所用曲轴

图 3-10　直立型六缸及 V 形十二缸发动机所用曲轴

3. 双排星形发动机的曲柄

双排星形发动机曲柄有两个曲拐,互相间隔180°,如图 3 - 11 所示。

图 3 - 11　双排星形发动机所用曲轴

四冲程发动机曲轴每转两周才产生一次动力,因此加在曲轴上的力并不是均匀的,而是间断的。同时各汽缸中的活塞及连接的部分时而加速时而减速,容易导致曲轴旋转的震动。为了使曲轴旋转稳定,在曲拐的对面安装有配重,一般是在曲臂的对面延长部分装一块较重的金属。当曲轴旋转时,此配重可发生摆动。因四行程发动机对曲轴所加的扭力有一定的周期性,这种具有一定频率的加力如果同曲轴本身的自然震动频率相同,将会产生共振,使曲轴进入极为危险的震动中。而安装配重后,在一定时候它由曲轴吸入能量,在另外的时候再放出,可以消除一部分震动。此配重的质量越重,制震效果也越好。

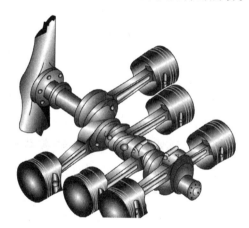

图 3 - 12　曲拐机构

活塞、连杆和曲轴连接在一起,称为曲拐机构,如图 3 - 12 所示。曲拐机构的作用是将活塞的直线往复运动转变为曲轴旋转运动。

3.1.4　机　匣

机匣是发动机的主要受力部件,机匣用来安装汽缸,支撑曲轴。整台发动机通过机匣固定在发动机架上,螺旋桨的拉力也通过机匣传至发动机架。各附件和传动装置也装在机匣上,机匣本身还是一个润滑油的储油器,还必须为存储润滑油提供严密的密封装置。机匣还必须有足够的刚度和强度以防止曲轴和轴承偏心。机匣的材料通常使用铸铝或者锻铝合金材料制造,这是因为铝合金材料具有一定刚度和强度的同时,还比较轻。但是对于大功率活塞式发动机,机匣材料使用钢制锻件的比较多。

机匣还要承受各种力,特别是作用在机匣上面的震动力和各种周期性应力。汽缸固定在曲轴机匣上,而活塞工作时所产生的力的趋势是将汽缸从机匣上拔出来,因此机匣必须要将汽缸牢固地固定在机匣上面。另外,曲轴旋转的主要作用是平衡活塞产生的力,如果有一些未被曲轴平衡的离心力和惯性力,那么它们必然作用在机匣上。而这些力基本上是以弯矩的形式作用在机匣上的,同时这些弯矩的大小和方向又都是连续变化的,因此机匣要有足够的刚度来承受这些弯矩。如果发动机前面装有螺旋桨减速器,则机匣还要承受由减速器传递过来的力和扭矩;同时螺旋桨产生的拉力也是通过机匣传递到飞机上面的,所有这些力和由这个力所产生的附加力也是作用在机匣上面的。

机匣的构造与汽缸的数目和排列形式有关。

直立型及 V 形发动机的机匣多由两部分组成(图 3 - 13 所示为某 V 形发动机的机匣)。位于上面与汽缸相连接的部分叫作上机匣,位于下面承受着全部发动机质量的部分叫作下机匣。在液冷式发动机上,有时上机匣会同汽缸体铸成一体。上下机匣的连接有用长螺栓连接的,也有预先在机匣的接头处的凸缘用螺栓组连接的。曲轴、凸轮轴及一切转轴的轴承座都预先铸在机匣的腹板上,因为曲轴是一个整体而且又弯曲不直,轴承不能直接套上,所以其轴承被分为两半,一半在上机匣,一半在下机匣。

星形发动机的机匣由三部分组成,见图 3 - 14。前面覆盖着减速齿轮的部分叫作前机匣,中部安装汽缸承架轴承的部分叫作中机匣,后部用以安装发动机附件的部分叫作后机匣。前、中、后机匣通过螺栓固定在一起。

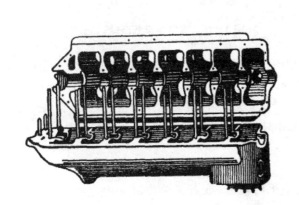

图 3 - 13　V 形发动机的机匣

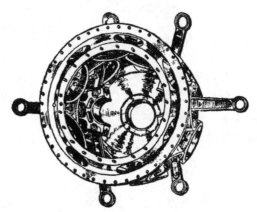

图 3 - 14　星形发动机的机匣

3.1.5　气门机构

气门机构的作用是控制进、排气门的开启和关闭,并保证适时地将混合气送入汽缸和将汽缸内的废气排出。典型的气门机构如图 3 - 15 所示,由传动齿轮、凸轮盘、推筒、推杆、摇臂、气门及气门弹簧组成。发动机工作时曲轴转动,经传动齿轮带动凸轮盘转动,当凸轮盘上的凸起部分上顶推筒时,推杆上移,经摇臂压缩气门弹簧,使气门打开;凸起部分转过后,在气门弹簧作用下,气门关闭。

发动机的每一个汽缸上都有一个进气门和排气门,它们的开启和关闭都由气门机构来控制。由于气门处在汽缸头高温区,故由特种耐热钢制成。为了便于形成进气涡流,进气门头部常制成凹形;为了加强排气门的散热,排气门制成空心的,内部填充金属钠,因此排气门杆较粗,头部常呈凸形。

气门弹簧用于在气门未被推动开放的时候,保持气门面与气门座的紧密吻合。每个气门都装有两个或者三个同心螺旋状的弹簧,这些弹簧的缠绕方向是彼此相反的,因为气门的开闭时间很短,弹簧受到的冲击作用很大,容易损坏。用多个弹簧可以保证在一个损坏后,另一个仍可以工作。弹簧反向缠绕,可以防止纠缠,还可以平衡气门杆上的旁推力,以减少气门筒的磨损。

凸轮轴或者凸轮盘的主要作用是在适当的时候将气门顶开,如图 3 - 16 所示。直立型及 V 形发动机采用的是凸轮轴,星形发动机则采用凸轮盘。

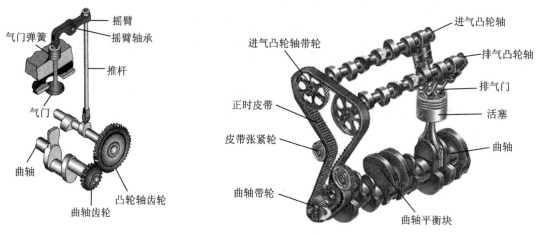

图 3 - 15　气门机构及进、排气门　　　　图 3 - 16　进气与排气凸轮轴

当凸轮并非位于气门杆顶时,必须借用机械的传力机构将凸轮的动作传至气门上。摇臂位于气门杆上,一端压在气门杆顶上,另一端与挺杆连接着,中间安装有轴承,它的支持轴固定在汽缸头上。当摇臂被挺杆顶起时,它的前端下压,将气门打开。当挺杆的推力消失之后,在气门弹簧的作用力下又将摇臂顶回去,所以在发动机工作时,此臂不停地上下摇动,故称为摇臂。

3.1.6　减速器

活塞式发动机的输出功率一般取决于发动机的转速(或者说单位时间内汽缸的做功次数),转速越高,产生的功率越大(目前曲轴转速在 2 200～3 500 r/min 范围内)。但是螺旋桨叶尖的速度不得接近或超过声速(目前一般限制在 2 000 r/min 以内),如果叶尖速度接近或者超过声速,会出现激波阻力,则螺旋桨效率就会大大下降,同时拉力也会迅速下降。因此,在功率较大的活塞式航空发动机上,需要安装减速器来限制螺旋桨的转速,使螺旋桨可以有效地工作。减速器的作用是使螺旋桨的转速低于曲轴转速。

常用的减速齿轮系有定轴齿轮系和行星齿轮系。

图 3 - 17 所示为定轴齿轮系减速器。该减速器的优点是质量轻、结构简单,不足之处是扭矩传递小,多用在直列型和 V 形排列的小功率发动机上。

典型的行星齿轮系减速器组成及工作原理如图 3 - 18 所示。发动机工作时,曲轴带动主动齿轮转动,主动齿轮带动游星齿轮转动,游星齿轮一边自转,一边绕固定齿轮公转,螺旋桨转速就是游星齿轮公转转速,因此螺旋桨的转速比曲轴转速小得多,然而扭矩则相应增加。螺旋桨的转速与曲轴的转速比称为减速比,用 i 表示。目前减速比 i 一般在 0.5 至 0.7 之间。行星齿轮系减速器的优点是扭矩传递大,可靠性高,缺点是结构复杂,自重大,一般用在大功率发动机上。

减速器虽然可以较好地确保螺旋桨的效率,但同时也使发动机质量增加,使机械损失加大。因此,当发动机功率不大时,可以不设置减速器而由曲轴直接驱动螺旋桨,使发动机的总体性能得到优化。

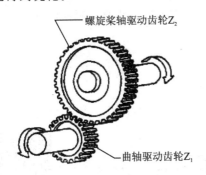

图 3 - 17　定轴齿轮系减速器

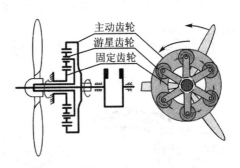

图 3 - 18　减速器的组成及工作原理

3.2　航空活塞式发动机的工作系统

航空活塞式发动机不但要具备上面所述的主要部件,而且还必须有许多附件相配合,才能工作。发动机的附件分属于几个工作系统,每个工作系统担负发动机一个工作任务。航空活塞式发动机一般都具有燃油、点火、润滑、冷却和启动等工作系统。

3.2.1　燃油系统

燃油系统的功用是储存燃油,不断供给发动机适当数量的燃油,并将燃油雾化,同空气均匀混合形成可燃混合气,满足发动机在各种工作状态下的需要。

燃油系统必须完成下述三项任务:①提供适量的汽油;②将汽油雾化、气化,并与空气混合;③根据发动机不同工作状态的需要,调整最适当的混合气。

燃油系统有气化器式和直接喷射式两种。它们的组成基本相似,主要组成部件有油箱、燃油滤、燃油选择开关、燃油泵、燃油计量装置、系统显示仪表等。

在燃油选择开关选择好供油油箱后,主燃油泵将燃油从油箱中抽出并加压,经过主油滤的过滤送到燃油调节器,燃油调节器再根据外界条件(如飞行状态和外界大气温度、压力等)和发动机的工作状态(如发动机的转速、油门杆和混合比杆的位置)计量出合适的燃油量。若是气

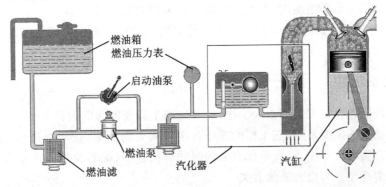

图 3 - 19　气化器式燃油系统

化器式燃油系统(见图 3-19),计量后燃油和空气在气化器内混合,然后进入汽缸;若是直接喷射式燃油系统(见图 3-20),计量后燃油由燃油流量分配器平均分配后送到喷油嘴并喷到汽缸进气门处,进气门打开后随新鲜空气一起进入汽缸(有的发动机直接喷入汽缸)。

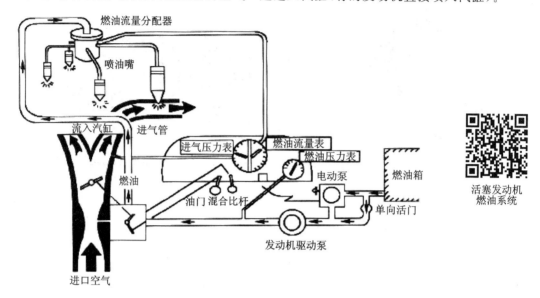

图 3-20   直接喷射式燃油系统

3.2.2   启动系统

启动系统的功用是在发动机启动时,将曲轴转动起来,使发动机从静止状态转入正常工作状态。为了能够使发动机正常启动,需要满足下列条件:一是启动时因为转速小,发动机主燃油泵不能正常供油,需要预先向汽缸注油(如使用电动增压泵);二是启动机带动曲轴旋转时转速一般不低于 40~60 r/min(启动转速);三是电嘴应能适时地产生强烈的电火花点燃汽缸中的油气混合气。

航空活塞式发动机的启动通常采用直接启动式电动启动机和间接式电动惯性启动机,目前广泛使用的是直接启动式电启动机。启动电源可使用机载蓄电池,也可使用地面电源。通常情况下,使用机载蓄电池提供电源来启动发动机,当多次未能成功启动发动机,或机载蓄电池电压偏低或飞机未装蓄电池时,则使用地面电源来启动发动机。

IO-360-L2A 发动机使用直接启动式电起动机(见图 3-21),由起动机直接带动发动机曲轴转动而起动。

3.2.3   点火系统

点火系统按照各汽缸规定的点火次序,适时地产生高强度的电火花点燃汽缸内的混合气。点火系统是发动机的重要系统,它工作的好坏直接影响启动性能、发动机功率、经济性以及工作的可靠性。在实际工作中,点火系统发生的问题也比较多,据各类统计数字表明,在活塞式发动机的故障中有 2/3 与点火系统有关。

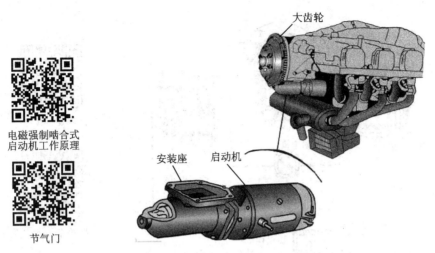

图 3-21　IO-360-L2A 发动机启动机安装位置示意图

　　现代航空活塞式发动机的点火系统都是借助高压电流通过邻近的两个电极时产生电火花来点燃混合气的,产生高压电的附件叫作磁电机,其设有相隔一定间隙的两个电极,两电极分别与电源的正极和负极相连接,如图 3-22 所示。如果把电压提高到一定的数值,两电极的间隙就会出现电火花,同时发出轻微的爆破声。在两个电极的间隙中产生电火花的原因是:在高压电的作用下,强度足够大的电流通过电极间隙中的气体,从而使气体白热而发光。这种现象的实质是:电极间隙中的气体,在足够高的电压(不低于击穿电压)作用下,产生冲击电离现象,使气体变成导电体,因而能够通过强度足够大的电流,使电极间的气体层白热而发光。

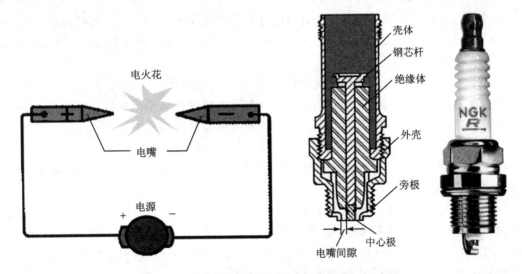

图 3-22　电火花的形成(左)及电嘴结构(右)示意图

　　现代大多数活塞式发动机的点火系统(见图 3-23)都由磁电机、磁电机开关、高压导线、电嘴等组成,某些点火系统还有启动加速器、启动线圈或振荡器用于启动点火。磁电机在工作时,适时地产生高压电,并按照点火次序分配到各汽缸,供电嘴产生电火花。

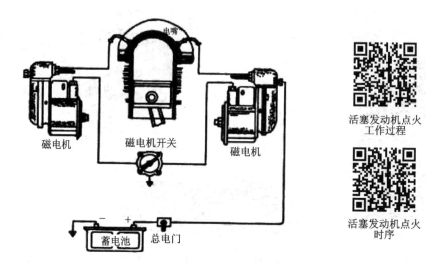

图 3-23　点火系统组成

3.2.4　润滑系统

1. 润滑系统的作用

润滑系统的功能是不断地将滑油送到各机件的摩擦面进行润滑,以减小摩擦阻力,减轻机件的磨损。滑油是在滑油泵的作用下,在润滑系统内部循环流动的。

滑油系统的功能如下:

① 保证发动机的润滑。润滑有两方面的含义:一方面是减少由于机件直接接触而形成的磨损,从而延长机件的寿命;另一方面是把干摩擦变成湿摩擦,减少因摩擦而引起的能量损失,从而可使机械效率提高。

② 冷却。任何一种摩擦都会发出热量,若不把这份热量散出去,便会使机件有过热的危险。滑油通过机件表面时除了润滑零件外,它还起带走热量的作用。单位时间内流过的滑油量越多,冷却的作用越好。实际上发动机滑油本身所需要的滑油量很少,为了冷却,还须供应足够的滑油,使它循环不断地流过机件表面。

③ 密封。使活塞在运动时不致漏气,以免工作时因混合气和燃气进入机匣,使发动机功率下降和滑油变质。

④ 保持机件清洁。当发动机工作时,由于燃烧不完全而产生的炭粒、油烟、磨损的金属屑以及机械杂质和灰尘等有害物质都能进入滑油中去,这些物质过多,会影响润滑。因此,滑油应该具有不使这些杂质沉积在金属表面而浮游在滑油中的性质,并借本身的流动把它们带走并过滤后除去,这样也就相当于起到清洁机件的作用。

⑤ 保护金属不受腐蚀。发动机不可避免地要和空气、水蒸气及燃烧后产生的其他气体接触,使金属渐渐腐蚀而损坏,且在高温下腐蚀作用更严重。如果在机件的表面有一层润滑油油膜,则此油膜便可将金属与空气隔开,防止金属腐蚀。

⑥ 作为控制系统的工作液。在螺旋桨飞机上主要作为变距的工作介质。

⑦ 作为调节装置传动介质。润滑系统将加压后的滑油输送到某些调节装置和其他设备,

以带动有关部件(例如,推动进气压力调节器的传动活塞以操纵节气门的开度,推动混合比调节器的传动活塞以转动高压汽油泵的调节齿轮),以及推动螺旋桨的变距活塞,改变螺旋桨的桨叶角。

2. 润滑的方法

发动机机件的润滑方法有三种:泼溅润滑、压力润滑和压力-泼溅润滑。

借转速较大的旋转机件(如曲轴等)将滑油泼溅到摩擦面上的润滑方法叫作泼溅润滑(见图3-24)。在发动机机匣内装有一定数量的滑油,曲柄转至机匣下部,即浸入滑油内。发动机工作时,借助于曲轴的转动,不断地将附着于曲柄与连杆头上的滑油向四周甩出,使滑油在机匣内部泼溅成细小的油滴。油滴进入活塞、汽缸、连杆和曲轴等机件的摩擦面,使这些机件得到润滑。润滑后的滑油从摩擦面的间隙流出,直接落入机匣。

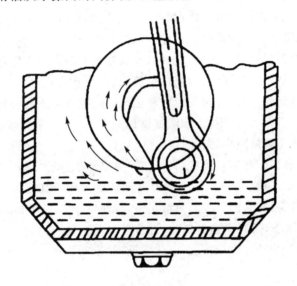

图 3-24 泼溅润滑示意图

泼溅润滑的方法只需要在机匣内存储一定数量的滑油,所以这种润滑系统比较简单。但因泼溅的滑油压力太小,很难进入那些间隙较小的机件之间,而且对机匣外部的机件和附件无法进行润滑。此外,由于无法过滤滑油,滑油容易变脏,且滑油的温度也不能进行调节,因此,这种方法润滑和冷却机件的效果都比较差。飞机作加速飞行、大坡度盘旋、上升或特技飞行时,由于机匣内滑油油面位置改变,泼溅油量减小,故采用泼溅润滑的方法不能保证机件的正常润滑。基于上述原因,泼溅润滑系统只能在一些构造简单的小型发动机上使用。

滑油经油泵加压后,沿专门的油路流至各摩擦面上的润滑方法叫作压力润滑。为了使滑油在发动机内循环流动,润滑机件后的滑油用油泵抽回,经过过滤和冷却后,再次送往各摩擦面。由于这种润滑方法的滑油压力较高,滑油能被输送到所有无法应用泼溅润滑的地方,即便那些间隙小的摩擦面,也能得到良好的润滑;同时,还可在油路上安装油滤和散热器,前者用来滤出滑油中的污物和金属屑等,保持滑油洁净,后者用来调节滑油温度,保持适当的滑油黏度。因此,这种润滑方法对机件润滑和冷却的效果比泼溅润滑要好得多。压力润滑的优点虽然很多,但也还存在一些缺点,主要是:不能对某些无法从专门油路获得滑油的机件(例如汽缸壁)进行润滑;润滑系统也比较复杂。

发动机单独采用泼溅润滑的方法不能保证所有的摩擦面都得到良好的润滑和冷却;而只采用压力润滑的方法不能对某些无法从专门的油路中获得滑油的机件进行润滑。为了使所有的机件都能得到良好的润滑和冷却,现代航空活塞式发动机一般都采用压力润滑为主、泼溅润滑为辅的混合润滑系统。混合润滑系统中的泼溅润滑并非利用积存在机匣底部的滑油,而是利用从某些接受压力润滑的机件的间隙流出的或者从专门的油孔喷出来的滑油,借助于曲轴等旋转较快的机件将滑油泼溅到摩擦面上进行润滑。

3.2.5 冷却系统

1. 冷却系统的功能

活塞式发动机工作时,汽缸内混合气燃烧后的温度很高(最高温度可达 2 500～3 000 ℃),与高温燃气相接触的机件或者零件(如汽缸头、气门、电嘴和活塞)获得燃气的热量,温度就会升得相当高。如果不对发动机进行冷却,汽缸温度过高会导致发动机产生故障。

汽缸温度过高,材料强度显著减弱,汽缸以及汽缸紧密相连的机件在动力负荷和热负荷的作用下很容易损坏,例如汽缸头裂纹、活塞顶烧穿、气门变形等;同时,活塞与汽缸壁之间的间隙、涨圈与涨圈之间的间隙、气门杆与气门杆套之间的间隙变化还会引起活塞涨圈内的滑油分解和氧化,形成胶状物质,粘住涨圈,影响汽缸壁面的润滑,甚至因此磨伤和烧坏活塞。此外,汽缸温度过高,还会使充填量减小,发动机功率降低,并可能产生早燃和爆震等现象。因此,为了保证发动机工作可靠和能够达到额定功率,必须对发动机进行冷却。

对发动机进行冷却,需要恰如其分地掌握好散热的界限。如果发动机冷却过度,温度过低,反而会带来不良后果:发动机散去的热量过多,会使发动机的功率减小,经济性变差;同时,在汽缸温度过低的情况下,燃料不容易气化,混合气也就不能正常燃烧;另外汽缸壁上的滑油黏度变大,还会使活塞的摩擦损失增大。由此可见,对发动机进行冷却,必须使汽缸温度保持在一个适当的范围内。

冷却系统的功能是把汽缸的一部分热量散发到大气中去,保证汽缸的温度正常。冷却系统有气冷式和液冷式两种。目前航空上多采用气冷式冷却系统,也有采用混合冷却的方式,如无人机广泛采用的 Rotax912/914 活塞式发动机(见图 3-25),与高温高压燃气接触面大、承受热负荷高的汽缸头采用强制水冷,汽缸身采用自然风冷。

2. 汽缸的冷却方式和影响因素

汽缸中的热通过热传导、对流和辐射的方式传播到温度较低的汽缸壁,并经汽缸壁传导到汽缸壁外的冷却介质中去。在一定时间内,要使汽缸壁向外传导的热量增加,可利用下列方法:①通过在汽缸周围包散热片的方式增加汽缸表面散热面积;②使外面的空气随时流动,从而热空气远离汽缸壁,而代以温度低的空气,汽缸内外的温差增大,传导的效率也随之提高;③在汽缸的周围绕以冷水或者冷却液体,以吸收热量。水或冷却液不断循环流动,增大汽缸内外的温差,提高热量的传播效率。因此,对汽缸的冷却分为气冷法和液冷法两种。

影响汽缸散热的因素有:混合气的点火时间;混合气的燃烧时间,发动机的转速,发动机的负载,燃烧室的形状,汽缸的大小。

点火过早,会延长燃烧气体存留在汽缸中的时间,使汽缸壁温度增高;点火过晚,会使排气温度增高。二者都会损失较多的热量。如能在上止点作瞬时燃烧,汽缸与高温燃气的接触面

图 3 - 25　Rotax914 水平对置四缸活塞式发动机

最小,所传导的热量也最小。从点火到燃料全部燃爆需要一定的时间,燃爆时间越长,散热所损耗的热能就越多。

　　燃烧室的形状对热量损耗的影响很大。若用球形燃烧室,在其中心点火,最为理想。但实际上,因种种原因必须改变这种情况。不过,燃烧室的表面积与体积之比越小,热量损耗也越小。

3. 液冷法

　　在汽缸身及汽缸头外包的金属套称为液套或者水套,套中充装水或其他散热液体。液体循环流动,就能产生散热效果。经过散热器后,仍流回到金属套内,再度吸热,而后再回到散热器中去散热。如此循环,直至发动机停止工作。在液冷法中,水或其他液体是汽缸壁与空气之间的媒介物,实际上散热作用仍旧由外界空气完成。

　　液冷式航空活塞式发动机除了在汽缸周围有液套外,还配有水泵作为冷却液循环的动力。冷却液循环可以通过两种方式进行:①利用热水上升冷水下降的对流现象完成;②借助外力加速散热器中冷却液的循环。

4. 气冷法

　　气冷式冷却系统利用迎面吹来的气流,吸收并带走汽缸外壁的一部分热量,从而使汽缸的温度保持在一定范围内。气冷式发动机都以汽缸头温度来标识汽缸的受热程度,如某发动机的汽缸头温度规定为 180~215 ℃,最高不超过 250 ℃,最低不低于 140 ℃。

　　为了增大表面散热面积,在气冷汽缸的外表包以突出的散热薄片。在汽缸头及排气门附近,温度较高,故散热片多一些。在航空发动机中,散热所需的空气一般是由螺旋桨及飞机在空气中前进所获得的,所以汽缸的排列很重要,必须使冷空气充分流过每一个汽缸都有。因此,各汽缸必须相互分离,彼此间留有相当的间隙,使空气能够从中流过。

5. 气冷法与液冷法的比较

　　气冷法和液冷法的优缺点如下:

　　气冷法的优点:①发动机的质量轻;②构造简单,维护容易,在极冷或者极热的气候中工作可靠;③战时,气冷式发动机被子弹命中时,所发生的危险小;④气冷发动机适合用于高空飞行的飞机上。

气冷法的缺点:①发动机必须放在螺旋桨的后面,以接受自然吹来用于散热的冷气流;②散热片及空气通路的装置,增加制造及设计的困难;③迎风阻力大。

液冷法的优点:①迎风面积小,前进阻力小;②散热效率高,飞行性能好。

液冷法的缺点:①质量大,构造复杂,不易维护;②液冷式发动机被子弹打中后,水套中的水也很快就流尽,这样会使整个发动机过热。

3.3　螺旋桨

3.3.1　螺旋桨的结构

活塞式发动机提供的是轴功率,必须通过装置将轴功率转化为飞机的拉力或者升力。通过桨叶旋转将发动机转动功率转化为推进力或升力的装置称为螺旋桨。

为了理解螺旋桨如何产生拉力,必须先熟悉一些基本术语和部件名称。通常两个、三个或者多个桨叶连接到中心桨毂上组成螺旋桨,如图 3 - 26 所示。最接近桨毂的桨叶称为叶柄,而离桨毂最远的部分称为叶尖。通过桨毂组件的毂孔将螺旋桨安装在发动机曲轴或者减速器组件上。

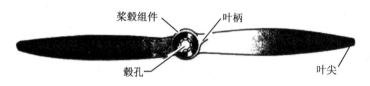

图 3 - 26　螺旋桨结构

螺旋桨叶的剖面形状与翼剖面相似,具有前缘、后缘和弦线。桨叶上凸起的一面称为叶背,平坦的一面称为叶面,如图 3 - 27 所示。桨叶角为螺旋桨旋转平面和桨叶弦线构成的夹角。

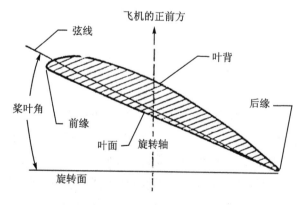

图 3 - 27　螺旋桨桨叶

3.3.2　螺旋桨的运动特性

当飞机停在原地不动,或者把发动机固定在试车台上工作时,安装在上面的螺旋桨就只能在原地旋转。这时,桨叶每个剖面的运动轨迹都是圆弧,且圆心都在旋转轴上,圆的半径就是桨叶剖面到旋转轴的距离,如图 3-28 所示。桨叶每旋转一圈,与旋转轴距离不同的桨叶剖面所走的路程是不相等的,其切线速度也不同。越接近桨叶两端,圆周的切线速度就越大。

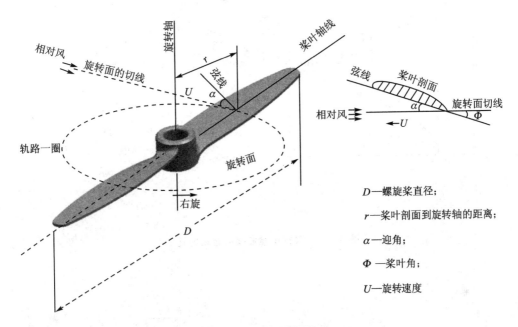

D—螺旋桨直径;

r—桨叶剖面到旋转轴的距离;

α—迎角;

Φ—桨叶角;

U—旋转速度

图 3-28　螺旋桨在原地旋转时的运动特性

在飞行中,桨叶随着飞机以同样的飞行速度 V 前进,此时对于桨叶来说,是一边旋转一边前进的,如图 3-29 所示。它的运动轨迹在圆柱面上就是一条螺纹线,这个圆柱的半径就是桨叶剖面到旋转轴的距离。桨叶旋转一整圈在圆柱轴向上所前进的距离称为螺旋桨的螺距。

由于螺旋桨的旋转运动,桨叶不同径向位置上的切线速度不同,接近桨叶叶尖部分比靠近桨毂部分切向速度大,因此为了补偿沿螺旋桨桨叶的速度差,桨叶每小段给定不同的角度,通过桨叶的扭转沿桨叶长度的大部分提供刚好不变的迎角。除了叶片的扭转之外,大多数螺旋桨接近桨毂的部分用较厚的低速翼型,接近翼尖用较薄的高速翼型。这样,同叶片扭转组合,允许螺旋桨沿着桨叶整个长度产生相对不变的拉力。

3.3.3　螺旋桨的拉力和效率

截取一小段桨叶来看,其剖面与机翼的剖面相似。相对风以某一迎角吹向这一小段桨叶时,作用在它上面总的空气动力与作用在机翼上的力是一样的,是与相对风成一定角度的。将总的空气动力 R 分解为与旋转轴平行的力 P 和垂直的力 Q,如图 3-30 所示。其中,力 P 的方向与前进方向一致,带动飞机前进。整个螺旋桨所产生的拉力就是每一段桨叶上拉力 P 的总和。螺旋桨产生拉力的大小取决于几个因素:桨叶迎角、螺旋桨转速和翼型的形状。

作用在每一小段桨叶上的另一个力 Q 的方向与旋转速度相反,它起着阻止旋转运动的作

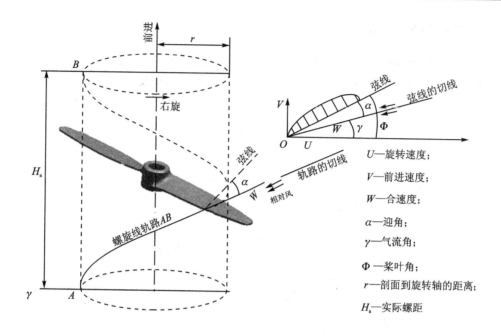

图 3 - 29　飞行中螺旋桨的运动特性

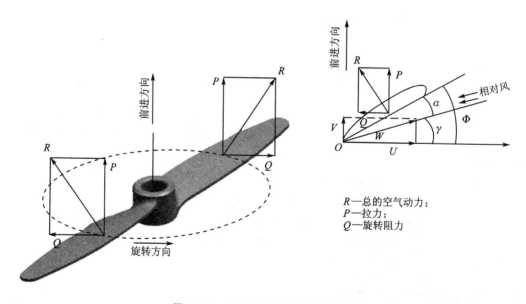

R—总的空气动力;
P—拉力;
Q—旋转阻力

图 3 - 30　作用在桨叶上的空气动力

用,称为旋转阻力。发动机输出的功率能够克服旋转阻力,使桨叶不停地旋转。

　　螺旋桨的拉力对飞机做功,拉力与飞行速度的乘积就是每秒钟内拉力所做的功,称为螺旋桨的可用功率。发动机提供给螺旋桨的功率为螺旋桨的需用功率。可用功率与需用功率的比值叫作螺旋桨的效率。与所有机器一样,螺旋桨在工作中会产生各种损失,所以它的可用功率总是小于需用功率。因此,螺旋桨的效率总小于 1。为了提高螺旋桨的效率,必须使桨叶上的拉力很大,而旋转阻力很小,这就要求各个剖面都在最有利的迎角下工作。

螺旋桨的转速有一定的限制,主要是因为桨叶的桨尖速度在高转速下,其切线速度超过声速后会带来非常大的阻力,消耗许多能量,推进效率会变得很低。因此,螺旋桨的转速不能过高,必须小于发动机的转速。

3.3.4　变距螺旋桨

桨距是当螺旋桨旋转一周时在螺旋桨轴线方向所通过的距离。它与螺旋桨叶片叶型与发动机轴向线的夹角直接相关。早期飞机上所用的螺旋桨的桨叶角都是固定不变的,称为定距螺旋桨。它只能在一种飞行状态下保持较好的性能,飞行状态一旦改变,性能立即变坏,还会严重影响发动机的功率输出。后来出现了可在地面调整的活桨叶,根据具体的飞行任务,把桨叶角调整到某一合适角度。但是对于每次飞行来说,仍然是定距桨。后来随着控制装置的发展,出现了在飞行中可调节的变距螺旋桨(见图 3-31),以便在不同的飞行状态下均保持较高的效率。

20 世纪 20 年代中期,人们在液压操纵的基础上发展出了恒速变距螺旋桨。在飞行的各个阶段(如起飞、爬升、巡航等),驾驶员可根据不同需要分别制定合适的发动机转速。一旦发动机转速制定后,就由一套自控系统来随时调节桨叶角,以达到螺旋桨吸收功率和发动机输出功率之间的平衡。于是,不论飞行状态有何变化,发动机转速总是恒定在预定值下。在各个飞行阶段,不仅使螺旋桨都能维持较高的效率,还能使发动机始终保持在最有利的工作状态。

在第二次世界大战期间,又发展出了反桨和顺桨装置。反桨是将桨叶角调到负值,以产生负拉力,这样可以缩短飞机着陆滑跑距离并改善军用飞机性能。顺桨是把桨叶角调整到 90°左右,使桨叶与来流方向一致,这样可以减小发动机空中停车时螺旋桨的迎风阻力。

汉密尔顿标准公司(Hamilton Standard)开发了第一个实用的在飞行中改变叶片角度的系统,该系统在 1933 年被安装到道格拉斯 DC-1 飞机上用于商业服务。汉密尔顿公司通过进一步研制,开发出了电液伺服的变距系统,并最终发展出了恒定转速可调桨距的螺旋桨。这种螺旋桨的调速器可随速度的增加自动增加桨距。

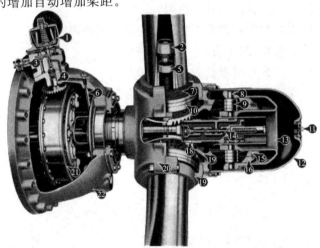

1—调速器;2—桨叶插脚;3—辅助滑油连接件;4—调速器驱动;5—蜘蛛臂;6—调速器油路;
7—桨叶到桶壳间油封;8—凸轮轴;9—凸轮滚子;10—止推轴承组件;11—整流罩插头;12—整流罩壳体;
13—活塞;14—分配器阀门;15—凸轮轴承;16—静止凸轮;17—旋转凸轮;18—桨叶齿轮区段;
19—前半桶壳;20—后半桶壳;21—螺旋桨减速齿轮;22—发动机机头

图 3-31　某变距螺旋桨系统的组成

变距螺旋桨桨叶角可以自动或人工改变(见图3-32),一般由油门杆和变距杆控制,油门控制发动机功率输出,由进气压力表指示;变距杆调整螺旋桨的旋转速度,由转速表指示。飞行员可在发动机工作范围和限制条件下操纵油门杆和变距杆,以此来设置发动机的工作状态。

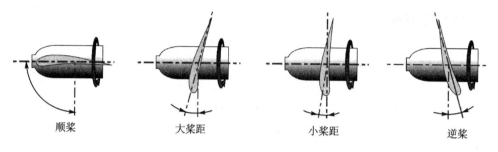

顺桨   大桨距   小桨距   逆桨

图3-32　变距螺旋桨

思考题

1. 活塞式发动机的主要机件有哪些?
2. 活塞式发动机工作过程中,汽缸活塞组件承受哪些机械负荷?
3. 活塞由哪几部分组成? 分别起什么作用?
4. 连杆从结构上分为哪几种形式?
5. 减速器的作用是什么?
6. 燃油系统的作用是什么? 该系统由哪些部件组成?
7. 润滑系统的作用是什么? 润滑的方式有哪些?
8. 为了使发动机能够正常启动,需满足什么条件?
9. 如果发动机冷却过度,会产生什么后果?
10. 螺旋桨产生拉力的原因和机翼产生升力的原因相同吗?
11. 什么是螺旋桨的螺距、桨叶角?
12. 螺旋桨的桨叶为什么要沿着径向位置扭转?
13. 什么是变距螺旋桨? 使用变距螺旋桨有什么好处?

第 4 章

航空燃气涡轮发动机的工作原理

　　燃气涡轮发动机(gas turbine engine,简称燃气轮机)与活塞式发动机都属于热机,是把燃料化学能转换成机械能的设备。由于对高温高压燃气使用方法的不同,形成了四种主要燃气涡轮发动机类型:涡轮喷气发动机、涡轮风扇发动机、涡轮螺旋桨发动机和涡轮轴发动机。燃气涡轮发动机与活塞式发动机在能量转换实现方式上的异同参见表 4 - 1 和图 4 - 1。

表 4 - 1　燃气涡轮发动机与活塞式发动机的异同点

比　较	燃气涡轮发动机	活塞式发动机
不同点	进入燃气轮机的空气连续	进入活塞式发动机的空气不连续(间歇性进排气)
	在前后畅通的流动过程中喷油燃烧,若不计流动损失,则燃烧前后压力不变,故称为等压燃烧	喷油燃烧是在一个密闭的固定空间里,称为等容燃烧
共同点	均以空气和燃气作为工作介质;都是吸入空气,经过压缩增加空气压力,经过燃烧增加气体温度,然后使燃气膨胀做功	

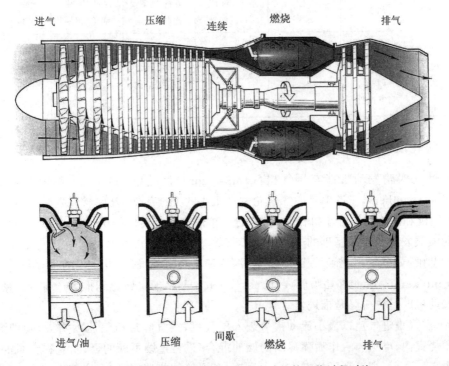

图 4 - 1　燃气涡轮发动机与活塞式发动机的工作过程对比

涡喷发动机以叶轮旋转运动实现叶片和空气、燃气的能量交换。不同于活塞的往复运动,叶轮可以用更高的转速实现更高的转化功率;此外涡喷发动机中气体的流动和燃料的燃烧是连续而非间歇的,这有利于在单位时间内转化更多的能量,因此航空燃气涡轮发动机的热机功率远大于航空内燃机。加之涡喷发动机采用高速喷气形成反推力,不会出现螺旋桨高速飞行推进效率下降的情况,因此涡喷发动机更加适合高速飞行。

4.1 航空燃气涡轮发动机的分类

涡轮喷气式发动机是一种直接反作用推进装置,低速工质(空气和燃料)经增压燃烧后以高速喷出而直接产生反作用推力。由于喷气发动机没有了限制飞行速度的螺旋桨,而且单位时间内流入发动机的空气流量比活塞式发动机大得多,从而能产生很大的推力,使飞机的飞行速度得到极大提高。

早期的涡轮喷气发动机和飞机尚处于试验阶段,在第二次世界大战中并没有发挥多大的作用,到战后特别是 20 世纪 50 年代才获得迅速发展。飞机速度达到声速以后,为了突破声障,在涡喷发动机上加装了加力燃烧室,它可以在短时间内大幅度提高推力。

在技术发展的推动下,涡喷发动机、涡扇发动机、涡桨发动机和涡轴发动机在不同时期的不同飞行领域发挥着各自的作用,使航空器性能跨上一个又一个新的台阶,见表 4 - 2。

表 4 - 2 航空燃气涡轮发动机的技术进步

年　代	20 世纪 40 年代	20 世纪 50 年代	20 世纪 60 年代	20 世纪 70 年代	20 世纪 80—90 年代	21 世纪 10 年代
机　种	涡喷	涡喷、 涡桨	涡喷、涡扇、 涡桨、涡轴	涡喷、涡扇、 涡桨、涡轴	涡喷、涡扇、 涡桨、涡轴	涡喷、涡扇、 涡桨、涡轴
技 术 进 步	轴流压气机 加力燃烧室 双转子 高空试验	可调静子 钛合金 涡轮	可调喷管 垂直起落 航改燃机	高推重比 高涵道比 三转子结构 数字控制	超声速巡航 矢量喷管 全权数字 电子控制	超高推重比 超高涵道比 变循环发动机 全电发动机

4.1.1 涡轮喷气发动机

航空燃气涡轮发动机都有压气机(compressor)、涡轮(turbine)和燃烧室(combustor,combustion chamber),三者都是燃气涡轮发动机中的关键部件,合称燃气发生器(gas generator)。压气机和涡轮均为叶轮机械并以轴相连,构成高速旋转的转子。

涡轮喷气发动机是最基础的一种航空燃气轮机,其工作原理也是其他航空燃气涡轮发动机工作的基础,如图 4 - 2 所示。除压气机、涡轮和燃烧室外,涡喷发动机的主要部件还包括进气道(air intake,air inlet)和尾喷管(exhaust nozzle),是从能量转化到推力产生的完整装置,因此涡喷发动机既是热机又是推进器。

首先,空气由进气道以最小流动损失进入压气机,空气经过压缩压力增大,随即流入燃烧室。在燃烧室内,空气与工作喷嘴喷出的燃油混合,进行连续不断的燃烧,获得大量的热能,温度大大提高。之后,高温高压的燃气流入涡轮,在涡轮内膨胀,燃气的部分热能转变为涡轮旋转做功的机械能,使涡轮带动压气机转子和附件工作。最后燃气通过尾喷管继续膨胀,燃气的部分热能转变成动能,从而使燃气的速度大大提高,从喷口高速喷出,使发动机产生推力。

J79发动机展示

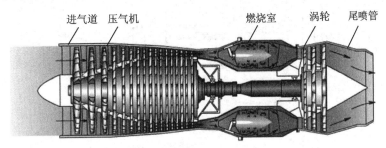

图 4-2　涡轮喷气发动机示意图

　　涡轮喷气发动机在高速飞行时具有推力大、质量轻的优点,因此常用于高空高速飞行。但是,提高推力的同时也增加了油耗。因此为了降低涡轮喷气发动机的油耗及扩大发动机的工作范围,一般将涡轮喷气发动机的转子用两根轴带动,称为双轴涡轮喷气发动机(见图 4-3)。

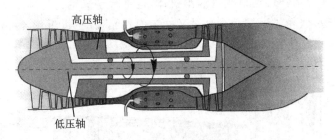

图 4-3　双轴涡轮喷气发动机

　　涡轮喷气发动机常用于军用歼击机,为了能在飞机起飞和投入战斗时,在短时间内进一步增加发动机的推力,一般在涡轮与尾喷管之间设置加力燃烧室。设置加力燃烧室的涡轮喷气发动机称为加力式涡轮喷气发动机(见图 4-4)。

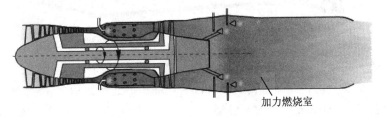

图 4-4　加力涡轮喷气发动机

4.1.2　涡轮风扇发动机

　　为了继续增加推力,同时降低耗油率,需要增加进入发动机内的空气流量,这就衍生了一种新的发动机类型——涡轮风扇发动机(见图 4-5)。涡轮风扇发动机核心机(燃气轮机的高压转子部分)发出的可用能量,一部分用以驱动风扇及压气机转动,另一部分在推进喷管中用于加速排出空气和燃气,产生推力。

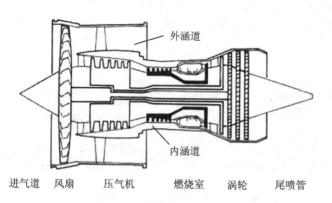

GE9X发动机拆解效果

RB211-22C发动机展示

图 4 - 5　涡轮风扇发动机

在涡轮风扇发动机中，进气道进来的空气经过风扇后分成两部分，一部分流进压气机，经过燃烧室、涡轮由尾喷管喷出，这部分空气称为内涵气流，这股气流的流道称为内涵道；而另一部分由围绕内涵道的外部环形通道流过喷出机体，这部分空气称为外涵气流。

由于有两个涵道，涡轮风扇发动机有时又称为内外涵发动机（见图 4 - 5）。内外涵气流可以分别排出，也可以在排气系统内混合排出（见图 4 - 6）。

流经外涵道与内涵道的空气流量之比，称为涵道比（也称流量比），用 B 表示。

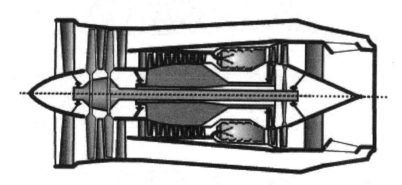

图 4 - 6　内外涵混合排气涡轮风扇发动机

涵道比低于 4 的发动机称为小涵道比涡轮风扇发动机，涵道比大于等于 4 的发动机称为大涵道比涡轮风扇发动机。大涵道比的涡轮风扇发动机的迎风面积大，喷气速度低，不适宜超声速飞行，目前民用客机一般采用这种发动机。而军用歼击机所用的涡轮风扇发动机则为带有加力燃烧室的小涵道比涡轮风扇发动机。

在双转子涡扇发动机盛行的时代，英国的罗·罗公司为实现转子系统的速度多样性，在两级套轴的基础上增加了一根套轴，研制了三转子系统的 RB211 涡扇发动机。但是这项挑战当时花费了 1.7 亿英镑，几乎让罗·罗公司破产。英国政府在关键时刻接盘罗·罗公司，实行国有化，最终让罗·罗公司完成了 RB211 的研制。RB211 以 59 000 磅的推力，成为大型商用飞机动力典范。RB211 及其三转子技术衍生出了"遣达"（Trent）系列航空发动机，图 4 - 7 所示为空客 A380 客机使用的 Trent 900 大涵道比涡扇发动机。

图 4 - 7   Trent 900 大涵道比涡扇发动机

4.1.3　涡轮螺旋桨发动机

20 世纪 50 年代涡轮螺旋桨发动机得到了迅速发展。涡轮螺旋桨发动机由核心机和螺旋桨组成(见图 4-8)。由于涡轮轴转速大于螺旋桨工作转速,故它们之间装有减速器。涡轮发出的机械能带动螺旋桨,使它产生拉力。涡轮螺旋桨发动机的推力来自两部分,一部分是由高速喷出的燃气所产生的反作用力,另一部分是涡轮带动螺旋桨产生的拉力。

装有涡轮螺旋桨发动机的飞机,飞行高度一般不超过 5 000 m,飞行速度一般不超过 700 km/h。飞行速度受限是涡轮螺旋桨发动机的主要缺点,因而涡轮螺旋桨发动机主要用于中低速支线民航机、运输机。

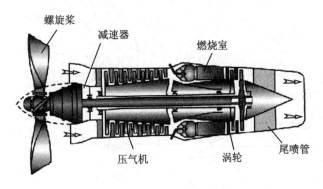

图 4-8   涡轮螺旋桨发动机

4.1.4　涡轮轴发动机

涡轮轴发动机主要作为直升机的动力装置,其原理与涡桨发动机相似,主要区别是涡轮轴发动机几乎将燃气发生器产生的可用功全部从动力涡轮轴上输出,带动直升机的旋翼和尾桨,几乎没有反作用推力。涡轮轴发动机在核心机后加装一套涡轮,一般称为动力涡轮或自由涡轮,它通过自由涡轮将燃气发生器产生的可用功全部吸收并从涡轮轴上输出,几乎不产生推力,见图 4-9。

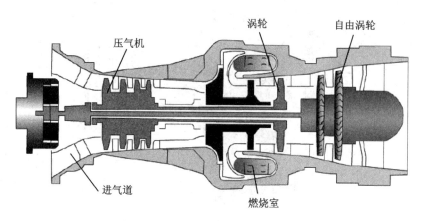

图 4-9　涡轮轴发动机

4.1.5　桨扇发动机

涡桨发动机的燃油效率通常高于涡扇发动机,但是涡桨发动机上多了一个减速器,即变速齿轮。加装变速齿轮,一是增加了发动机质量,二是多少会带来一些功率上的损耗。20 世纪 70 年代世界能源危机中,一些国家开展了新型螺旋桨发动机的研究,一种不需要变速齿轮,介于涡轮风扇发动机与涡轮螺旋桨发动机之间的发动机,即桨扇发动机(propfan engine)应运而生,见图 4-10。由于和涡轮之间没有减速器,桨扇的螺旋桨转速非常高,带来的优点是燃料效率进一步提高,而缺点是噪声大,难以用于追求舒适性的客机上。

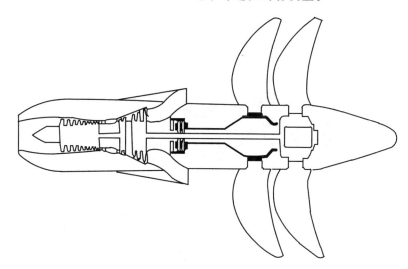

图 4-10　桨扇发动机

桨扇发动机也称无涵道风扇(Unducted Fan,UDF)发动机。这种发动机由核心机和两个旋转方向相反的螺旋桨一起工作,桨叶较多(8~10 片),叶片较宽,弯曲而后掠呈马刀形,可适用于高亚声速飞行。桨扇的直径比涡扇发动机的风扇直径大,因而可以有更高的推进效率,其耗油率比涡轮风扇发动机更低。

桨扇发动机克服了一般螺旋桨在飞行马赫数达到 0.65 以后效率急剧下降的缺点,优越性保持到飞行马赫数为 0.8 左右,使其既具有涡桨发动机的低油耗,又具有涡扇发动机适于高速飞行的特点。

　　由于颤振与噪声问题难以解决,在能源危机有所缓解后,美国 GE 公司停止了 GE36 发动机(见图 4 - 11)的研制工作。仅俄罗斯于 1994 年研制成的 D - 27 桨扇发动机试飞成功(图片和详细数据见附录),为 AN - 70 中型运输机提供动力(见图 4 - 12)。

AN-70飞机桨扇发动机

3D打印的桨扇发动机

图 4 - 11　挂在室外试车台上的 GE36 发动机

图 4 - 12　安装 4 台 D - 27 桨扇发动机的 AN - 70 中型运输机

　　进入 21 世纪,为满足"绿色航空"的要求,这种经济性好的发动机再次获得关注,只是赋予了新的名字"开式转子"(open rotor)。

　　美国 GE 公司与法国斯奈克玛公司合资组成的 CFMI 国际公司,为波音 B737 和空客 A320 后继机研制发动机时,平行发展的两种型号发动机中,有一种就是开式转子发动机。此外,罗·罗公司也与斯奈克玛公司在欧洲开展了一项开式转子发动机的研究计划(DREAM)。

4.2　涡轮喷气发动机的基本工作原理

　　涡轮喷气发动机之所以能产生推力是应用了牛顿第三定律。发动机工作时,将前方静止不动的空气吸入,这股空气经过压缩、燃烧和膨胀三个过程后以很大的喷射速度喷出。根据牛顿第二定律可知,发动机对外界气体施加了作用力,因而气体对发动机产生了一个大小相等、方向相反的反作用力,这就是推力。

4.2.1　燃气轮机的理想循环

燃气涡轮发动机的理想循环属于布雷顿循环,由布雷顿(Brayton)于 1872 年提出。实际工作中,发动机工质与外界有热量和功的交换,但其流动过程中存在摩擦损失。为了便于进行热力循环过程分析,一般做如下假设:

① 忽略喷入的燃油质量,认为发动机的工质成分不变;

② 忽略压缩和膨胀过程中工质与各部件之间的热交换;

③ 忽略发动机工作过程中的流动损失,燃烧室内没有热损失。

图 4-13 给出了燃气轮机循环布置,图中 C 为压气机,B 为燃烧室,T 为涡轮。燃气涡轮发动机热力循环主要包括绝热压缩(1—2)、等压加热(2—3)、绝热膨胀(3—4)和等压放热(4—1)四个过程。

理想燃气轮机循环的压力-比体积($p-v$)图和温度-比熵($T-s$)图分别如图 4-14(a)、(b)所示。

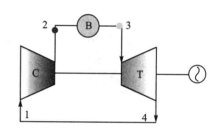

图 4-13　燃气轮机循环布置

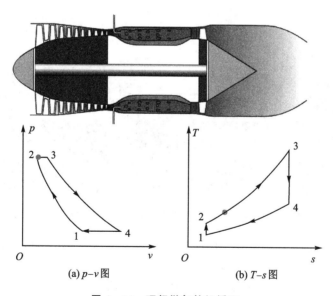

(a)$p-v$图　　　(b)$T-s$图

图 4-14　理想燃气轮机循环

衡量燃气发生器(压气机、燃烧室和带动压气机的那一部分涡轮)性能优劣的指标如下:

① 热效率 η(thermo efficiency),即加入每千克空气的热量中所产生的可用功的百分比。

② 比功 w(specific work),单位质量空气所做的功。

涡喷发动机的理想循环功 L_{id} 为加热量 q_1 与热量损失 q_2 之差,即

$$L_{id}=q_1-q_2$$

涡喷发动机的理想循环功全部用于增加气流的动能。表示理想燃气轮机循环工作状态的

参数如下：

① 增压比 π，压气机出口静压与周围大气压力之比。其中包括飞机进气道的冲压增压和压气机的加功增压。

② 加热比 Δ，燃烧室出口温度与外界大气温度之比。

通过理想燃气轮机循环分析，可以得到以下重要结论：

> 理想燃气轮机的热效率 $\eta_{t,i}$ 只与增压比 π 有关，$\eta_{t,i}$ 随 π 的增大而单调增加，与燃烧过程加热量 q_1 或加热比 Δ 无关。

> 在加热比 Δ 一定的条件下，一个使比功达极大值的增压比称为最佳增压比（或称最有利增压比），记为 $\pi_{opt,i}$。最佳增压比随加热比的增加而增大。

> 在增压比相同的条件下，随加热比的增大，比功增加，理想循环功增加。

在理想燃气轮机循环分析中，认为压缩与膨胀过程都是等熵的，没有考虑流动损失，并且认为整个循环过程中比热不变。在实际燃气轮机中，气体的比热随着气体的成分和温度不断地发生变化，而且各个工作过程都存在着流动损失。因此，为了便于工程参考和应用，必须进行考虑损失存在的实际循环分析。

所谓流动损失，是指气流在流动过程中由于存在边界层、湍流流动或激波，使流动气流在静压不变的条件下降低了流速或者说降低了气流总压[*]。

通过实际燃气轮机循环的分析（见图 4－15），可以得到 4 个重要结论：

① 实际循环的热效率不仅与增压比有关，而且与循环加热比 Δ 有关。

② 实际循环的热效率随增压比的增加，并不是单调增大的，而是有一个极大值，使热效率达极大值的增压比称为最经济增压比。

③ 在加热比 Δ 一定的条件下，有一个使比功达极大值的增压比，称为最佳增压比（或称最有利增压比），记为 π_{opt}。实际循环的最佳增压比 π_{opt} 小于理想循环的最佳增压比 $\pi_{opt,i}$。各增压比下，实际循环的比功都小于理想循环的比功。

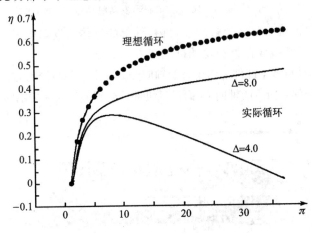

图 4 － 15　实际循环热效率曲线

---

* 具有速度（或动能）的气体按理想绝能过程滞止下来，气体的压力和温度都相应增加。这个滞止以后的压力和温度称为总压和总温（total pressure and total temperature），或称为滞止压力和滞止温度，以 p^* 和 T^* 表示，即总温等于静温加动温，总压等于静压加动压。

④ 在实际循环中随着循环加热比 Δ 的加大,损失占加热量的比例相对减小,因此加热比愈大,实际循环的热效率愈高,实际循环的最佳增压比和最经济增压比也愈高。

根据前面的分析,可以得到以下对燃气涡轮发动机设计具有重要指导作用的结论:

- 为提高循环热效率,应尽量提高循环增压比;
- 为提高循环功,应尽可能提高循环加热比;
- 存在最佳增压比,增压比过大将使循环功减小;
- 提高循环加热比,使循环最佳增压比增加;
- 提高部件效率,有利于提高循环功和热效率。

4.2.2　推力计算

为了便于表示发动机不同截面处的气动参数,要设定站位(截面)。站位与发动机的转子数目有关,早期涡喷发动机用 0~5 的六站位系统,现在双转子涡喷、涡扇用 0~9 的十站位系统,不同的发动机生产厂有不同的规定。某涡喷发动机站位图如图 4-16 所示。

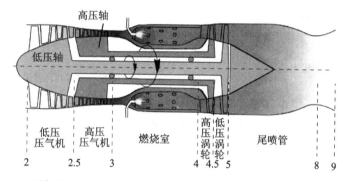

2—压气机入口;2.5—低压压气机出口;3—燃烧室入口;4—涡轮入口;
4.5—高压涡轮出口;5—尾喷管入口;8—尾喷管临界截面;9—尾喷管出口

图 4-16　双轴涡喷发动机站位

涡轮喷气发动机的推力是指流过发动机内、外部的气体对发动机内、外壁之间各个部件表面上作用力的合力,通常指该合力在发动机轴线方向的分力。

实际上气体在发动机各个部件上作用力的轴向分力并不是都与推力方向相同。如图 4-17 所示,涡轮与尾喷管受到的是向后的轴向力,而压气机部件受到的是向前的轴向力。

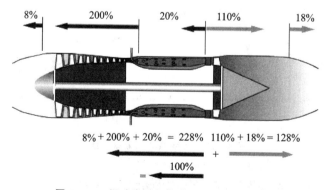

图 4-17　涡喷发动机部件受力和合力示意图

　　由于发动机各个部件的结构不统一,且有些部件形状十分复杂,无法确切地知道部件表面上各处的气体压力和黏力,因而通过计算发动机各部件轴向力合力来计算发动机推力的方法在实际中是行不通的。因此,计算发动机推力时,通常把发动机看作一个整体,利用动量方程间接确定发动机的推力。

　　运用动量方程推导发动机推力公式时,认为发动机外表面受均匀压力,都等于外界大气压力 p_0,并且假设气体流经发动机外表面时,没有摩擦阻力,那么就可画出计算发动机推力计算的模型图(见图 4-18)。

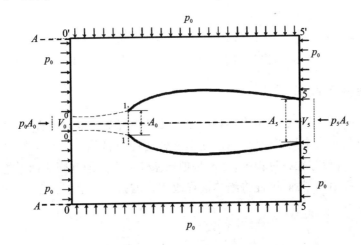

图 4-18　发动机推力计算模型

　　根据动量定理知,发动机内承受的合力等于每秒流出与流进的气体的动量之差,故在发动机工作时的气流区域有

$$F_{in} + p_0 A_0 - p_5 A_5 = q_{mg} V_5 - q_{ma} V_0$$

式中,q_{ma} 为空气流量,q_{mg} 为排出的燃气流量。由此可得,发动机内壁对气体的作用力 F_{in} 为

$$F_{in} = q_{mg} V_5 - q_{ma} V_0 + p_5 A_5 - p_0 A_0$$

而发动机工作时的外部气流区域为

$$p_0(A - A_0) - p_0(A - A_5) + F_{out} = 0$$

则发动机外壁对气体的作用力 F_{out} 为

$$F_{out} = p_0(A_0 - A_5)$$

　　根据发动机推力的定义,发动机推力是作用在发动机内外表面所有力的合力,因此得

$$F = F_{in} + F_{out}$$
$$= q_{mg} V_5 - q_{ma} V_0 + (p_5 - p_0)A_5 \qquad (4-1)$$

这就是推力计算的完全表达式。实际进行推力计算时,一般有以下几种特殊情况:

① 忽略流量变化,可令 $q_{mg} = q_{ma} = q_m$,则推力公式简化为

$$F = q_m(V_5 - V_0) + (p_5 - p_0)A_5 \qquad (4-2)$$

② 当燃气在尾喷管内完全膨胀时,$p_5 = p_0$,推力公式可进一步简化为

$$F = q_m(V_5 - V_0) \qquad (4-3)$$

式中,$(V_5 - V_0)$ 为通过发动机每千克空气所产生的推力,称为单位推力,用 F_s 表示,即

$$F_s = V_5 - V_0 \qquad (4-4)$$

以上几个公式是计算涡轮喷气发动机推力的基本公式。

在推导上述推力公式时,曾经做了假设,但是发动机在实际工作时,这些假设有时与实际情况不符,因而使得按上述公式计算的推力结果与实际推力有区别。为了纠正这些误差,考虑气流流过发动机的流动损失产生的阻力(称为外部阻力 X_{out}),从上述推力公式的计算结果中扣去这种阻力便得到发动机的实际推力,称为发动机的有效推力,用 F_{eff} 表示。此时流过发动机外部的气流的动量方程为

$$p_0(A - A_0) - p_0(A - A_5) + F_{out} = q_m(V_5 - V_0)$$

根据发动机的推力定义,则

$$F_{eff} = F_{in} + F_{out} = q_m(V_5 - V_0) + (p_5 - p_0)A_5 - q_m(V_5 - V_0) \tag{4-5}$$

从式(4-5)可以看出,流动损失增大,即外部阻力增大,发动机有效推力减小。

4.2.3　能量转换与效率

燃气涡轮发动机在工作过程中将燃料的化学能最终转变为推动飞机前进的推进功。在此过程中,发动机首先是一个热机,将燃料的化学能转变为机械能。实际工作中,气体在燃气涡轮发动机内的热力过程存在各种损失,并不是理想循环。在压缩和膨胀两个绝热过程中,由于存在流动损失,过程中熵增加,因此将绝热过程改成多变过程,则实际燃气轮机循环每千克空气的循环功变为

$$L = \frac{V_5^2 - V_0^2}{2} + L_C + L_T$$

式中,$L = \frac{V_5^2 - V_0^2}{2}$ 是增大气体动能的功,称为有效功或者可用功。实际燃气轮机循环的热效率可表示为

$$\eta_e = \frac{l}{q} = \frac{V_5^2 - V_0^2}{2q}$$

在燃气发生器相同、可用功相等的条件下,将可用功分配给更大量的气体,可以得到更大的推力。根据物理学原理,如果每千克空气的可用功,不仅使本身的动能增加,而且将能量传递给更多的空气一起增加动能,虽然气流喷射的速度较小,但会具有较大的喷射质量。

可以证明,在可用功相同的条件下,质量较大的喷射流可以获得较大的推力。因此,作为推进器为了使发动机获得更大的推力,应该将可用功分配给更大量的气体。在运输机和旅客机上采用涡轮螺旋桨发动机或大涵道比的涡轮风扇发动机就是根据这个原理。

发动机的可用功除了一部分转变为发动机的推进功外,其余部分则作为排出气体的动能(相对于地面坐标系)散失到周围大气中,可表示如下:

$$E_k = \frac{(V_5 - V_0)^2}{2}$$

发动机推进效率用于衡量可用功转变为飞机前进的推进功的程度。由于飞机前进的推进功可表示为发动机推力与飞机前进距离的乘积,因此可得推进效率的计算公式为

$$\eta_P = \frac{L_P}{L} = \frac{F_S \cdot V_0}{\frac{V_5^2 - V_0^2}{2}} = \frac{(V_5 - V_0) \cdot V_0}{\frac{V_5^2 - V_0^2}{2}} = \frac{2V_0}{V_5 + V_0}$$

发动机的推进效率随着飞行速度 V_0 的变化,可以在很大范围内变动,通常不超过 $55\%\sim$ 75%(当 $V_0/V_5=0.4\sim0.6$ 时)。从加大发动机单位推力的观点看,希望 (V_5-V_0) 值越大越好;但是从减小动能损失以增加发动机推进效率的观点看,希望 (V_5-V_0) 值越小越好,但不可能没有动能损失,若没有动能损失,必须使 $V_5=V_0$,那就不可能产生推力。

当飞行马赫数小于 0.5 时,涡喷发动机的效率低于涡桨发动机,如图 1-20 所示,由于螺旋桨的高叶尖速度造成的气流扰动,螺旋桨效率迅速降低,这就使得中等速度飞行的飞机一般采用螺旋桨和喷气发动机的组合。

既要增大发动机的推力,又要保持较高的推进效率,最佳的方案是用加大喷射气流质量,降低喷射气流速度的方法,既增大了推力,又推高了推进效率。这就是采用涡轮螺旋桨发动机或大涵道比的涡轮风扇发动机的根本原因。

发动机的总效率 η_0 表示加入发动机的燃料完全燃烧所释放的热量转变为推进功的比例,是"热能→机械能→推进功"总的效率,热效率反映第一个过程,推进效率反映第二个过程。它考虑了化学能转化为有效功的过程中的所有损失,因此最能反映发动机的经济性。发动机总效率等于热效率和推进效率的乘积,即

$$\eta_0 = \eta_e \cdot \eta_p$$

4.2.4　主要性能指标

发动机推力的大小可以直接决定飞机的主要性能。但是,这并没有考虑发动机的尺寸、质量及燃油消耗,而这些因素又恰恰是飞机性能的影响因素。因此必须引入以下的单位性能参数,才便于比较。

1. 单位推力 F_s

发动机推力与通过发动机的空气质量流量之比称为发动机的单位推力,计算公式见式 (4-4),其单位为 $daN \cdot s \cdot kg^{-1}$。

对于同一类型的发动机,单位推力反映发动机尺寸大小。推力一定,单位推力越大,则所需空气流量越小,发动机尺寸越小。目前,涡轮喷气发动机在地面最大状态工作时的单位推力为 $60\sim75\ daN \cdot s \cdot kg^{-1}$。

2. 单位燃油消耗率 sfc

产生单位推力时 1 h 内消耗的燃料量,称为单位燃油耗油率(specific fuel consumption,sfc),其单位为 $kg \cdot h^{-1} \cdot daN^{-1}$(或 $kg \cdot h^{-1} \cdot N^{-1}$)。

$$sfc = \frac{3\ 600 \cdot q_{mf}}{F}$$

式中,q_{mf} 为发动机的燃油流量,单位为 kg/s。

耗油率是决定飞机航程和续航时间的重要参数,是发动机在一定飞行速度下的经济性指标。涡轮喷气发动机在地面静止时的耗油率为 $0.8\sim1.0\ kg \cdot h^{-1} \cdot daN^{-1}$,涡轮风扇发动机已降到 $0.5\sim0.6\ kg \cdot h^{-1} \cdot daN^{-1}$,甚至更低。

3. 推重比

发动机的推力和发动机质量(重量)之比称为发动机的推重比。飞机推重比是重要的总体设计参数,它对飞机的尺寸、质量以及主要飞行性能都有很大影响。由于军用歼击机对机动性

能要求很高,因此,要求有尽可能高的推重比。目前,涡轮喷气发动机的起飞推重比为 0.7~1.2,运输机和旅客机的起飞推重比为 0.25~0.4。

4.3　涡轮喷气发动机部件共同工作及特性

4.3.1　单轴涡轮喷气发动机共同工作及特性

1. 稳态工作下的共同工作

涡轮喷气发动机分为稳态和过渡态两种工作状态。稳态是指发动机在某一转速下连续的工作状态;过渡态是指发动机从某一转速变到另一转速的工作状态。这里只以稳态工作为例介绍其共同工作过程。

涡轮喷气发动机是一个整体,是由各部件组成的。几大部件组合在一起构成发动机本体,其共同工作就是压气机、燃烧室和涡轮的共同工作。通常将压气机、燃烧室和涡轮称为燃气发生器。研究压气机和涡轮的共同工作是研究各种类型燃气涡轮发动机各部件共同工作的基础。由于发动机的各个部件是协同工作的,任何一个部件工作状态的变化都将影响其他部件的工作,它们互相影响、互相制约,因此发动机稳态下的共同工作条件如下:

首先,通过发动机各个截面的气体流量应该相等;如果出现流量不等的情况,就必然通过气流压力或流量本身的改变来影响相邻部件的工作。

其次,当发动机在稳定状态下工作时,涡轮产生的功率与压气机消耗的功率应该相等;如果出现功率不等的情况,就会使发动机转速发生变化。

最后,还有一个相互制约的条件是压气机转速与涡轮转速相等。

涡轮功率与压气机功率平衡是暂时的、相对的、有条件的。当外界条件(飞行高度、速度和大气状态)发生变化或部件性能参数发生变化时,都将使涡轮功率和压气机功率发生变化,不能保持平衡。由于发动机各个部件是协同工作的,它们相互影响,相互制约。

2. 发动机常用的工作状态

一定飞行条件下,发动机推力、耗油率会随发动机油门杆位置发生变化,对应着发动机不同的工作状态,常用的有以下四种典型工作状态:

① 最大起飞工作状态:发动机的推力为最大,发动机的动力负荷和热负荷都接近其极限允许值,连续工作时间有严格限制,一般不超过 5~10 min。

② 最大连续工作状态:推力为最大推力的 0.85~0.90,发动机在此工作状态可以较长时间连续工作。

③ 最大巡航工作状态:通常规定推力小于或等于最大推力的 0.5~0.8 时为发动机的巡航工作状态。

④ 慢车工作状态:发动机启动以后能够稳定工作的最小转速工作状态。通常其推力为最大推力的 3%~5%。

3. 稳态工作下的工作特性

对于一台已经设计制成的单轴涡轮喷气发动机,需要知道它的性能参数随着飞行状态和油门杆位置的变化关系,这种变化关系称为发动机的特性。发动机特性对于飞机设计是十分重要的原始设计数据,也是评定发动机性能优劣的重要指标。

在给定的调节规律下,保持飞行状态不变,发动机推力 F 和单位燃油消耗率 sfc 随油门杆位置或发动机转速 n 的变化关系称为发动机的油门特性,也叫转速特性或节流特性。保持发动机转速不变,发动机推力 F 和单位燃油消耗率 sfc 随飞行状态的变化关系称为发动机的飞行特性。发动机的飞行特性包括速度特性和高度特性。

(1) 单轴涡轮喷气发动机的转速特性

图 4-19 所示为典型单轴涡轮喷气发动机地面试车台上的转速特性。图中给出了不同大气温度和大气压力下的转速特性。可以看出,当发动机转速下降时,发动机的推力急剧下降,发动机的耗油率起先略有下降,在 $n=0.7$ 附近达最小值后,随发动机转速的下降而增大。

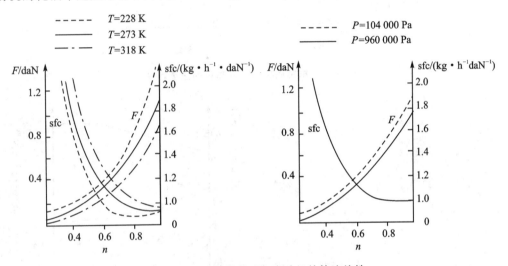

图 4-19　单轴涡轮喷气发动机的转速特性

大气温度上升,空气密度减小,在同样的转速下,流过发动机的空气流量减小,压气机增压比下降,使发动机推力减小,燃油消耗率增加,大气压力上升,造成流量和各截面的总压增加,推力增加,但燃油消耗率不受影响。

(2) 单轴涡轮喷气发动机的速度特性

图 4-20 给出了典型单轴涡轮喷气发动机的速度特性曲线。图中给出了涡轮前温度为 1 600 K、1 400 K、1 200 K 三种不同数值的速度特性。可以看出:

① 随着飞行马赫数的增大,单位推力 F_s 不断减小。当飞行马赫数增大至某一数值时,单位推力降为零。例如,当 T_4^* 为 1 400 K、飞行马赫数为 3.5 时,单位推力降为零。

② 随着飞行马赫数的增大,空气流量 q_{ma} 不断增大。在亚声速范围内增加较慢,而在超声速范围内增加较快。

③ 随着飞行马赫数的增大,发动机的推力 F 起初略为下降或增加得很缓慢,随后迅速增大,达到某一最大值后,推力随马赫数的增大而减小。最后,发动机的推力下降为零。

④ 随着飞行马赫数的增大,耗油率 sfc 不断增加,至某一飞行马赫数后,急剧加大。

很显然,涡轮前温度对单轴涡轮喷气发动机的速度特性是有影响的。提高涡轮前温度对于高马赫数下的涡轮喷气发动机性能是有利的,这是因为提高涡轮前燃气温度,高马赫数下的涡轮喷气发动机推力增大,且单位燃油消耗率减小。

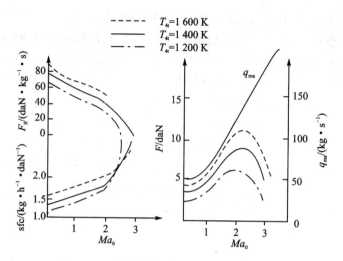

图 4 - 20　单轴涡轮喷气发动机的速度特性

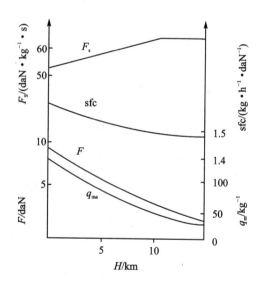

图 4 - 21　单轴涡轮喷气发动机的速度特性

（3）单轴涡轮喷气发动机的高度特性

飞行高度改变时，大气压力、大气温度都随着变化，在 11 km 以下，高度增加时，大气压力、大气温度都下降；11 km 以上为同温层，大气温度不随高度而变化，而大气压力随高度增加继续下降。

图 4-21 给出了典型单轴涡轮喷气发动机的高度特性曲线。可以看出：在 $H \leqslant 11$ km 时，随着飞行高度的增加，单位推力增加，耗油率下降，发动机的推力下降；在 $H > 11$ km 时，单位推力和耗油率都不变，发动机的推力随高度增加而继续下降。为了降低耗油率，一般将 11 km 作为巡航高度。

4.3.2　双轴涡轮喷气发动机共同工作及特性

双轴涡轮喷气发动机的低压涡轮驱动低压压气机，高压涡轮驱动高压压气机，分别组成低压转子和高压转子，它们在各自的转速下工作。两个转子会随着各自负荷的变化自动地调整其转速。双转子与单转子发动机相比有以下优点：

① 防喘，双轴涡喷发动机可使压气机在更广阔的范围内稳定工作，是防止压气机喘振的有效措施；

② 省油，双轴涡喷发动机在发动机低转速下具有较高的压气机效率和较低的涡轮前燃气温度，在低转速工作时，燃油消耗率比单轴发动机低得多；

③ 易加速，双轴涡喷发动机具有良好的加速性；

④ 易启动，双轴涡喷发动机启动时，启动机只带动一个转子，可以选用功率较小的启动机。

此外，双轴涡喷发动机的压气机可以设计更高的增压比，因此可以产生更大的推力。

双轴涡喷发动机实际上是把一台高设计增压比的压气机分为两台低设计增压比的压气机，因此高压转子的共同工作条件与单轴涡喷发动机中压气机和涡轮的共同工作条件一样，即转速一致、流量连续和功率平衡。

把双轴涡喷发动机的高压转子看成一台单轴发动机，就是低压压气机出口的气体参数就是这台"单轴涡喷发动机"的进口参数，把低压涡轮导向器最小截面作为这台"单轴涡喷发动机"的尾喷管临界截面。把双轴发动机的低压转子看成一台单轴涡喷发动机。它与一般单轴涡喷发动机不同的是：在低压压气机与低压涡轮之间本应存在燃烧室的地方被高压转子所代替，使得气流从低压压气机流出以后在进入低压涡轮之前总压有了进一步升高。

1. 双轴涡轮喷气发动机的转速特性

在任意工作状态下，双轴涡轮喷气发动机两个转子的转速互不相同，但两者之间有着对应关系。例如，某型发动机低压转子转速相对值为 0.8 时，高压转子转速相对值为 0.9。由于两个转子之间有这样一个单值的关系，所以通过研究双轴发动机的推力和耗油率随任一个转子转速的变化，就可以得到双轴涡轮喷气发动机的转速特性，如图 4-22 所示。

从图 4-22 中可以看出，双轴涡喷发动机转速特性的变化规律与一般单轴涡喷发动机基本相同。在中低转速下双轴涡喷发动机的压气机效率比单轴涡喷发动机高，因而双轴发动机具有较低的涡轮前燃气温度。

由于双轴涡轮喷气发动机在中等转速以下涡轮前燃气温度较低，而且压气机效率较高，所以，与设计参数相同的单轴涡轮喷气发动机相比，它的耗油率 sfc 在较宽的工作范围内比单轴涡轮喷气发动机低。这是双轴涡轮喷气发动机转速特性的重要特点。

2. 双轴涡轮喷气发动机的速度特性

双轴涡轮喷气发动机的速度特性也和发动机的调节规律有关。图 4-23 给出了飞行高度为 6 km 时三种不同调节规律下的速度特性。从图中可以看出，调节规律改变并不影响速度特性的趋势。

综合单位推力和空气流量的变化规律，可以看出，采用 $n_1 = \text{const}$ 调节规律时，在高飞行马赫数下推力较大，而在低飞行马赫数下的推力较低。显然，

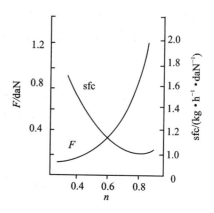

图 4-22 双轴涡轮喷气发动机的转速特性

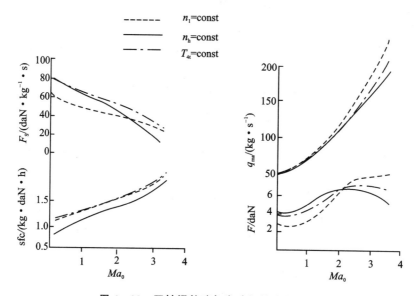

图 4-23 双轴涡轮喷气发动机的速度特性

对于要求在高飞行马赫数下推力性能好的发动机，采用这种调节规律比较合适。而采用 $n_h = \text{const}$ 时情况刚好相反，推力在低飞行马赫数时较高，在高飞行马赫数时较低。采用 $T_{4t} = \text{const}$ 时，单位推力将高于上述两种调节规律，空气流量和推力的变化介于上述两种调节规律之间。

至于耗油率的变化规律，$n_h = \text{const}$ 和 $T_{4t} = \text{const}$ 这两种调节规律基本上相同。这是因为在高的飞行马赫数下，$n_h = \text{const}$ 的 T_{4t} 较高，两者对耗油率的影响大体相同。在低飞行马赫数下这两种调节规律的参数很接近。$n_1 = \text{const}$ 调节规律在大部分飞行马赫数下的 T_{4t} 较低，增压比较高，所以耗油率也比较低。

3. 双轴涡轮喷气发动机的高度特性

用低压转子转速 $n_1 = \text{const}$ 和高压转子转速 $n_h = \text{const}$ 两种调节规律来说明双轴涡轮喷气发动机的高度特性，如图 4-24 所示。由图可以看出，当飞行高度小于 11 km 时，随着飞行

高度增加,温度减小,转速增大,这种调节规律下的转速和涡轮前燃气温度 T_4^* 都要减小。更主要的是大气密度减小,因此推力随飞行高度升高而减小。

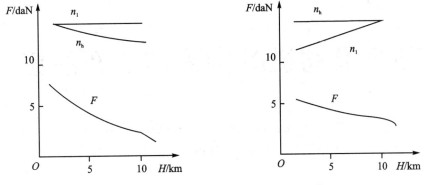

图 4 - 24   双轴涡轮喷气发动机的高度特性

习 题

    1. 某涡喷发动机在地面试车台工作,已知:$A_5 = 0.152 \ \text{m}^2$, $P_0 = 101\ 322 \ \text{Pa}$, $P_5 = 135\ 822 \ \text{Pa}$, $V_5 = 538 \ \text{m/s}$, $q_{ma} = 50.7 \ \text{kg/s}$,求发动机的推力。

    2. 某涡喷发动机,当速度为 260 m/s 时,尾喷管中燃气完全膨胀,尾喷管出口燃气速度为 610 m/s。忽略燃油流量,求通过该发动机每千克空气的可用功、推进功和发动机的推进效率。

思考题

    1. 燃气涡轮发动机一般有哪些类型? 它们有什么区别?

    2. 简述燃气涡轮发动机的热力循环过程。

    3. 单轴涡轮喷气发动机工作时有哪些特性?

    4. 双轴涡轮喷气发动机的优点有哪些?

第 5 章

涡轮喷气发动机的构造与工作系统

涡轮喷气发动机的工作部件主要包括进气道、压气机、燃烧室、涡轮和尾喷管。为了使发动机能够稳定地工作,需要给这些结构配合相应的工作系统,包括空气系统、启动点火系统、滑油系统和燃油系统等。

5.1 涡轮喷气发动机的主要部件

5.1.1 进气道

为了能够让气流顺利地进入发动机核心机,需要在飞机或发动机短舱进口到压气机进口增加一段管道,称为进气道。对进气道的基本要求包括:①保证供给发动机所需的空气量,使迎面气流以较小的损失导入压气机;②使气流以均匀的速度和压力进入压气机;③保证较大的工作范围。

飞机以一定的速度飞行时,空气流过进气道存在一定的流动损失。这是因为进气道出口的气流速度是根据发动机的工作状态来确定的,它与飞机的飞行速度一般是不相等的。为了满足各种飞行状态下气流速度的转变,进气道产生的流动损失不可避免。进气道的流动损失一般用出口与进口的总压比值来表示。

进气道类型可以按照形状及工作特性分为多种类型。最常用的是按照适用的飞行速度来分,进气道有亚声速进气道和超声速进气道两种类型。

1. 亚声速进气道

亚声速进气道属于皮托式,主要用于亚声速($Ma<1.0$)或低超声速($Ma<1.5$)范围内飞行的飞机,如图 5-1 所示。这种进气道具有光滑的前缘,进口部分为圆形唇口,以适应不同方向流入的气流。通道开始部分为扩张形,以降低速度提高压力,出口段流道收敛,以获得较均匀的出口流场。

当飞机以低超声速飞行时,亚声速进气道前方会出现正激波,气流通过正激波时,气体的压力和温度会有明显变化,使气流产生流动损失。目前飞行马赫数小于 1.5 的超声速飞机几乎都是采用亚声速进气道,如苏联米格-15、米格-17,美国的 A-10,英国的"蚊"式,法国的"神秘"IVA 等,见图 5-2。这是因为,当飞行马赫数小于 1.5 时,气流通过正激波的压力损失并不大,比如飞行马赫数等于 1.5 时,正激波压力系数可高达 0.931(歼 6 飞机以马赫数 1.35 飞行时,压力系数为 0.97);同时,这种进气道的工作稳定,能适应各种不同的发动机工作状态和飞机的飞行速度,而且不需要调节,构造也简单。

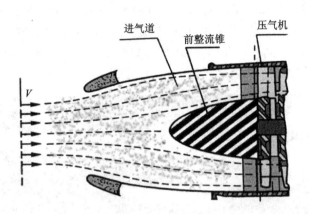

图 5－1　亚声速进气道

图 5－2　皮托式进气道

亚声速进气道的进气通道短,进气效率高。因为来流速度较低,空气可直接引用,不需要进行预压缩,进气口面积也不需要调节,所以不需要设置气流调节和预压缩装置。亚声速进气道对气动外形限制较少,所以造型很多,有圆形进气道,如米格-15战斗机;扁圆形进气道,如美国的F-100战斗机;方形进气道,如美国的P-5、英法合作的"美洲虎",中国"飞豹",还有"鹞"式战斗机的半圆形进气道和"猎人"战斗机的三角形进气道等。

2. 超声速进气道

如果飞行马赫数进一步增大,正激波导致的总压损失就会急剧增大,亚声速进气道成为超声速飞行的阻碍,因而必须更换进气道结构,采用超声速进气道。超声速进气道要求从亚声速到超声速飞行范围内都具有满意的性能以及与发动机匹配工作,一般可以分为以下三种类型。

（1）外压式超声速进气道

外压式超声速进气道在进口前装有中心锥或斜板,如图5-3所示,以形成斜激波减速,降低进口正激波的强度,从而提高进气减速的效率。外压式进气道的超声速减速全部在进气口外完成,进气口内通道基本上是亚声速扩散段。

斜板　　　　中心锥

图 5－3　外压式进气道

在设计状态下,正激波位于进口处,斜激波波系交于唇口处。外压式超声速进气道结构简单,工作稳定性好,飞行马赫数在 2.5 以下的飞机多采用这种形式的进气道,比如苏联的苏-17 及其系列、米格-21,中国的歼-7、歼-8,英国的"闪电",美国的"黑鸟",法国的幻影-2000 等采用的是中心锥形三维轴对称进气道,而苏联的米格-25、米格-29、苏-27,美国的 F-14/F-15、欧洲的"狂风""台风"等采用的是楔形斜板式进气道,如图 5-4 所示。

图 5-4 典型外压式进气道实例

(2)内压式超声速进气道

内压式超声速进气道由特殊型面构成的先收敛后扩张型的管道组成。特殊型面使超声速气流在管道的收敛段经过一系列压缩波减速,在管道最小截面处(称为喉道)达到声速,然后在扩张段气流继续进行亚声速减速流动,见图 5-5。

虽然内压式进气道避免了气流在外压式进气道减速过程中的激波损失,也避免了气流通过斜激波时产生的折角,但是它存在非常严重的"启动"问题,因此当前很少投入应用。

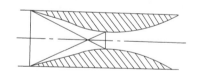

(3)混合式超声速进气道

图 5-5 内压式进气道

混合式超声速进气道综合了内压式和外压式设计,在外部经过斜激波进行减速,然后以超声速由唇口进入进气道,在喉部或者扩张段经过正激波减为亚声速。

混合式进气道综合了外压式和内压式进气道的优缺点。混合式进气道气流进入时偏转小于外压式,相同飞行马赫数下总压恢复系数比外压式要高,外阻也较小。与内压式进气道同样存在"启动"问题,但是由于经过前段外压的减速,内部气流马赫数较低,喉道面积调整范围也较小,缓和了"启动"问题。

3. 其他新型进气道

一般而言,超声速进气道就是以上常见的三类,但是近些年来,随着人们对隐身性能的要求和新一代作战飞机的研制,CARET 进气道得到了越来越多的重视,并已经在"超级大黄蜂"F-18E/F 和"猛禽"F-22 两种飞机上得到了应用,如图 5-6 所示。

　　CARET 进气道可以解释为存在两个相互干扰的压缩斜板式进气道,它是受到高超声速乘波机理论的启发而提出的。CARET 进气道具有更高的总压恢复、较低的流动畸变、简单的构造,更重要的,它容易实现进气道的隐身设计。

图 5 - 6　"猛禽"F - 22 的 CARET 进气道

　　20 世纪 90 年代,美国的洛克希德公司提出了 DSI 进气道(Diverterless Supersonic Inlet, DSI)概念,即"无边界层隔道超声速进气道"。DSI 是一种二维进气道,但它却没有边界层隔板,其进气口处只有一个鼓包,这个鼓包必须跟前掠式唇口共同作用才能起到现有的进气道的作用,它不仅起到边界层隔板的作用,还可以对流入空气进行预压缩,起到其他超声速进气道中的压缩斜板的作用,同时它具有更高的总压恢复,能满足所有性能和畸变要求。

　　这种创新设计的鼓包结构简单,没有复杂的机械装置,工作部件少,更加稳定可靠;它还可以减小迎风面阻力,适合于与机身一体化设计,隐身效果好;由于结构简单,其维护费用也很低。在亚声速巡航飞机时,其作用与普通超声速进气道一样,但在马赫数 1.5 以上的速度时所起的作用还不太明显,有待进一步研究,尤其是对于两侧布局的飞机来说,大迎角和大侧滑角飞行时造成气流不对称,会引起发动机喘振,影响发动机工作效率。目前只有在美国的"闪电"F - 35 以及中国的"枭龙"、歼- 10B 以及歼- 20 中应用,如图 5 - 7 所示。

图 5 - 7　DSI 进气道

5.1.2 压气机

燃气涡轮喷气发动机能够产生推力的前提是吸入了大量的空气,进入发动机的空气越多,产生的推力越大。能够使空气吸入发动机的部件是压气机。压气机的作用是对气体进行压缩,提高空气的压力,以便混合气燃烧以后能够更好地膨胀,从而增大发动机的推力。按照气体流动方向和工作原理的不同,压气机可以分为离心式和轴流式两大类。

1. 离心式压气机

小型燃气涡轮发动机的压气机一般采用离心式压气机(见图 5 - 8),其结构一般由进气装置、叶轮、扩压器和集气管等组成,如图 5 - 9 所示。

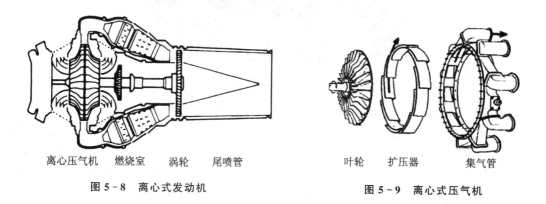

离心压气机　燃烧室　涡轮　尾喷管

图 5 - 8　离心式发动机

叶轮　扩压器　集气管

图 5 - 9　离心式压气机

图 5 - 10 所示为早期涡轮喷气发动机上的一个双面进气离心式压气机,通过中间轴与涡

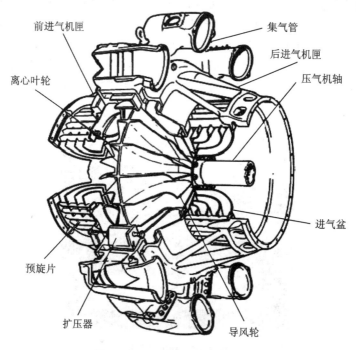

图 5 - 10　双面叶轮离心压气机

轮相连接。离心式压气机叶轮一般有单面叶轮和双面叶轮两种形式。双面叶轮从两侧进气，可以增加进气量，而且对于平衡作用在轴承上的轴向力也有好处。在叶轮的前面一部分叫作导风轮，叶片向着旋转方向前弯，以迎合来流的相对速度。导风轮有的是与工作轮分开制造的，也有的是与工作叶轮叶片制成一体的，如图 5 - 11 所示。

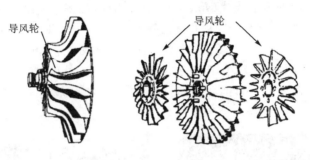

图 5 - 11　带有导风轮的叶轮

　　离心式压气机的主要优点是结构简单，轴向尺寸短，性能比较稳定、可靠。与轴流式压气机相比，其单级增压比较大（4～6），现代离心式压气机增压比可以达到 15 左右。但是这种压气机迎风面积较大，流动损失也大，尤其级间损失更大，工作效率较低，因此一般只使用两级，不适用于多级。自 20 世纪 50 年代以后，除小型涡轴、涡桨发动机及 APU 以外，不再使用离心式压气机。但是，它与轴流压气机配合作为压气机的最后一级，在小型动力装置上却得到了广泛应用，主要用于巡航导弹、无人机驾驶侦察机、靶机或直升机。

　　2. 轴流式压气机

　　轴流式发动机内气流通过压气机基本上沿轴向流动，发动机内旋转的部件称为转子，不动的部件称为静子。如果发动机的转子部件仅由一根轴带动则称为单转子发动机；由二个或多个转子组件和静子组件组成的发动机称为双转子或多转子发动机。

GEnx发动机压气机

　　双转子轴流式压气机由低压压气机和高压压气机组成，如图 5 - 12 所示。发动机启动后，低压压气机的速度由低压涡轮叶轮调节；高压压气机由高压涡轮叶轮调节。可以用低压转子

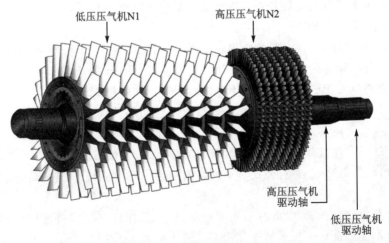

图 5 - 12　双转子轴流压气机

转速或者风扇转速(N1)来表示涡扇发动机推力的大小,以设计转速的百分比来显示,N1 越大,发动机推力越大。高压转子转速(N2)也是表示发动机推力的一个重要参数,N2 也是以设计转速的百分比来显示的。

压气机前端
导流叶片

　　轴流式压气机气流通道由间隔排列的转子叶片(rotor blades)以及对应的静子叶片(stator blades)构成,如图 5-13 所示。压气机是多级装置,一排转子叶片和一排静子叶片组成轴流压气机的一个级。与离心式压气机相比,轴流式压气机虽然结构复杂,其单位面积的流通能力更高,迎风面积较小,阻力小,级间流动损失小,可以通过增加级数来提高压气机的总增压比,从而获得更大的推力,因此轴流式压气机一般用于大型燃气涡轮发动机的使用。

图 5-13　轴流压气机对开机匣和可调静子(上)及其与转子的组合(下)

　　为了保证压气机工作稳定,在某些压气机第一级前面装有进口导流叶片,目的是引导气流进入压气机,获得所需要的流场分布。空气通过轴流压气机不断受到压缩,轴流压气机的通道截面积逐级减小,呈收敛形。

　　轴流式压气机工作时,转子叶片由涡轮带动高速旋转,空气加速,推向后排静子叶片。转子速度提高,空气在随后的静子通道中扩压并将动能转换成压力。静子叶片对空气偏斜有矫正的作用,并将空气以正确的角度送到下一级转子叶片或燃烧室。

压气机转子

　　压气机转子是一个高速旋转的部件,除了要求尺寸小、质量轻之外,还必须有良好的定心和足够的刚性。它主要由工作叶片、轮盘或鼓筒及连接件组成。转子的基本类型有鼓式、盘式及鼓盘式(见图 5-14)。鼓盘式转子兼有鼓式转子抗弯曲刚性好和盘式转子强度高的优点,因此应用广泛。

　　转子叶片呈翼型截面形状,叶片沿长度有压力梯度,保证空气维持比较均匀的轴向速度。向叶尖方向逐渐变高的压力抵销转子作用在气流上的离心作用。为了获得这些状态,必须将叶片从叶根向尖部"扭转",以便在每一点都具有正确的迎角。近年来,为了考虑真实气流速度分布特征,叶片也愈加"扭转",如图 5-15 所示。

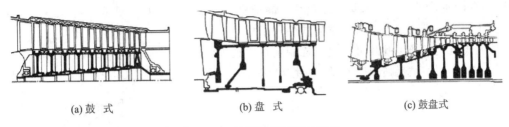

(a) 鼓 式　　　　　　　　　　(b) 盘 式　　　　　　　　　　(c) 鼓盘式

图 5-14　轴流压气机转子类型

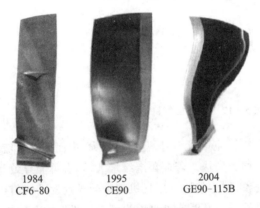

1984　　　　　　1995　　　　　　2004
CF6-80　　　　　　CE90　　　　GE90-115B

图 5-15　轴流压气机转子

转子叶片主要由叶身和榫头组成,榫头形式的选择和尺寸的确定主要取决于叶片的强度,要求避免存在过大应力集中。榫头连接有多种形式,常见的有销钉式、燕尾式及枞树式三种形式,但压气机多使用的是燕尾形榫头,主要是其具有承载负荷较大、加工方便的优点。

为了简化压气机的结构,把发动机转子的叶片和轮盘设计成一个整体,采用整体加工或焊接(叶片和轮盘材料可以不同)方法制造而成,无须加工榫头和榫槽,如图 5-16 所示,这种叶盘称为整体叶盘。这样做不仅消除榫齿根部缝隙中气体的逸流损失,避免了叶片和轮盘装配不当造成的微动磨损、裂纹以及锁片损坏带来的故障,而且使得发动机工作效率进一步提高。

图 5-16　整体叶盘

　　压气机静子主要由静子叶片和机匣组成,除了承受静子所受的轴向力、扭矩及振动负荷之外,还用来传递转子支承所承受的总负荷。静子机匣既是发动机的主要承力壳体之一,又是气流通道的外壁。机匣有分半式和整体式两种结构。

　　轴流式压气机静子叶片可通过螺栓固定在压气机机匣上,或通过保持环固定到机匣上,见图 5 - 17。叶片的叶型制成一定弯度,以使叶片间通道呈扩散形,空气流过时速度减小,压力提高。

定位保持螺钉

带外环的静子叶片　　　静子叶片保持环

图 5 - 17　轴流压气机静子

压气机可调导叶

压气机叶片

　　当压气机的转速一定,空气流量减小时,迎角会增大,进而使得气流在叶背上发生分离,有可能出现不稳定的工作现象,称为失速。若迎角继续增大,则有可能导致气流沿压气机轴线方向发生低频率、高振幅的振荡现象,称为喘振。压气机喘振会导致发动机(首先是压气机)部件的强烈机械振动和热端超温,如果处理不及时或处理不当就会在极短的时间内造成发动机的损坏。

　　对于多级轴流压气机,在以下两种情况下容易发生喘振:

　　① 在一定转速下工作时,若出口反压增大,当空气流量降低到一定程度时,就会出现喘振。这是因为当空气流量降低时,各级叶片的气流迎角增加,容易产生气流分离和堵塞。

　　② 当发动机偏离设计工作状况而降低转速时,容易发生喘振。这是因为多级轴流压气机气流通道截面积沿轴向逐级减小,其面积变化程度是由压气机的设计增压比值决定的。当压气机转速降低时,增压比随之降低,于是通道截面积的变化与降低的增压比不相适应,出口面积太小而进口面积太大,造成多级轴流压气机前几级轴向流速低、迎角大,后几级轴向流速高、迎角小。这就使得多级轴流压气机在低转速时前几级容易发生大迎角气流分离、堵塞和喘振。可以看出,对于设计增压比较低的多级轴流压气机,进、出口截面积的变化较小,不容易发生喘振。一般情况下,设计增压比小于 4 的压气机很少会发生喘振。

　　多级压气机的每级都具有一定的流量特性,且相邻级各不相同。一台有效工作的压气机,每级的特性都必须精心匹配。对于一套设计状态(设计质量流量、增压比和旋转速度)执行起来比较简单,但要在大范围状态下保持压气机工作的合理匹配非常困难。如果压气机增压比超出叶片允许的增压,就会出现喘振,进入不稳定区。

　　喘振发生时,出现强烈的不稳定工作现象:流过压气机的气流沿压气机的轴线方向产生低频高振幅的强烈振荡,压气机出口平均压力急剧下降,出口总压、流量、流速产生大幅度脉动(见图 5 - 18),并伴随有强烈放炮声。

　　喘振作用机理:在多级轴流压气机中,某些级产生旋转失速,并进一步发展,使压气机整个通道受阻,阻碍前方气流流入,使气流拥塞在这些级的前方。与此同时,由于前方气流暂时堵塞,故出口反压不断下降,当出口反压较低时,压气机堵塞状况被解除,被拥塞的气流克服了气体惯性,一拥而下,于是进入压气机的空气流量又超过了压气机后方所能排泄的流量,压气机后方空间里空气又"堆积"起来,反压又急剧升高,造成压气机内气流的再次分离堵塞。通过压气机的气流反复堵塞又畅通,使得通过压气机的流量大、流速高、可压缩的空气在本身惯量和压气机给予的巨大能量作用下产生了周期性振荡。

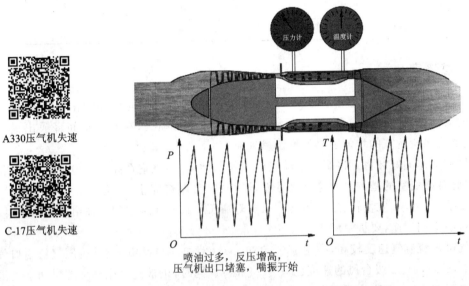

A330压气机失速

C-17压气机失速

喷油过多,反压增高,
压气机出口堵塞,喘振开始

图 5-18　喘振发生参数变化示意图

　　压气机喘振会使压气机叶片断裂,引起发动机熄火停车,严重威胁发动机安全工作。因此在使用中应避免喘振现象发生。

　　在单轴上实现高增压比时,必须在压气机设计中采用流量控制。控制形式有两种:第一种是在第一级上安装可调进气导向叶片或者在随后的一些级中采用可调静子叶片;第二种是从压气机的某一个或数个中间截面放气,这两种方法在5.2.1小节的空气系统中详细讲述。

　　除了上述两种方式,将单转子结构直接换成多转子结构,将压气机分成两个或三个转子,分别由各自的涡轮来带动,于是一台高增压比的压气机就成为两个或三个低增压比的压气机,也可以达到防止喘振的目的。

　　离心式压气机与轴流式压气机的对比如表5-1所列。

表 5-1　离心式压气机与轴流式压气机的对比

对比项目	离心式压气机	轴流式压气机
特点	轴向进气,径向排气	轴向进气,轴向排气
增压原理	叶轮:加功→增速、增压 扩压器:减速增压	转子:加功→增速、增压 静子:减速增压
优点	结构简单、零件少 性能较稳定,工作可靠 级增压能力强(6~12) 轴向尺寸短	流通能力强 效率高 径向尺寸小

续表 5-1

对比项目	离心式压气机	轴流式压气机
缺点	效率低 迎风面大	级增压能力弱(1.15～1.35) 结构复杂、零件多 轴向尺寸长
应用	小推力级	高推力级、高速飞行

5.1.3　燃烧室

　　燃烧室是将燃油喷嘴的燃油与压气机供应空气混合燃烧,将化学能转化为热能,把压气机增压后的空气加热到涡轮前允许温度,从而以最小的压力损失,在有限空间释放出最大的热量,实现供给涡轮所需的均匀加热的平稳燃气流。

　　燃烧室工作的好坏将直接影响发动机的工作与性能,燃烧室在高温环境下工作,条件十分恶劣,因此对燃烧室的基本要求是点火可靠,燃烧稳定,燃烧完全,压力损失小,出口温度场分布满足要求,尺寸小、质量轻、排气污染小以及寿命长。这些要求之间往往出现矛盾,实际中会根据飞机的不同用途,要折中考虑。

　　压气机来流空气速度较高,高达100～180 m/s(例如,BMW003发动机压气机出口气流速度为145 m/s),而12级台风的速度也只有24 m/s。同时,正常混合比燃烧的煤油空气混合气体在常温下燃烧时,火焰传播速度只有1 m/s。为了不让燃油火焰被吹走,必须在燃烧室中创造出一个低轴向速度的区域,保证火焰在整个推力范围内燃烧。为了形成这个区域,必须将来流分为两股进入燃烧室:第一股约20%的空气质量流量从锥形进口进入(见图5-19),锥形进口后面是漩涡叶片和多孔的扩张段,空气由此进入主燃烧区;第二股由火焰筒侧壁上开的小孔及缝隙进入(80%)燃烧室,其功能包括补充燃烧,与燃气进行掺混,降低燃气的温度,控制燃烧室出口处的温度分布。

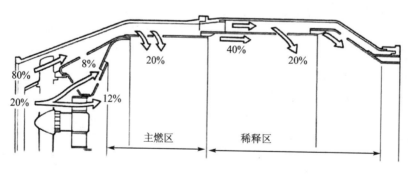

图 5-19　燃烧室分股进气

涡轮喷气发动机的燃烧室有三种基本结构形式:分管燃烧室、联管燃烧室及环形燃烧室。

1. 分管燃烧室

　　分管燃烧室(见图5-20)由多个(一般是8～16个)单管燃烧室(见图5-21)组成。它们之间靠联焰管连接,起传播火焰和均压的作用。每一个单管燃烧室均有一个火焰筒,围绕它的是机匣。

各个单管燃烧室结构相似,用较小的气源就可以进行试验研究,进行设计调试比较容易,因而在早期的涡轮喷气发动机用得较多,一般与离心式压气机配合使用。除此之外,分管燃烧室的各个单管燃烧室可以单独进行拆换,因而维护也比较方便。其缺点主要是空间利用率较低、启动性能较差,并且质量比较大。

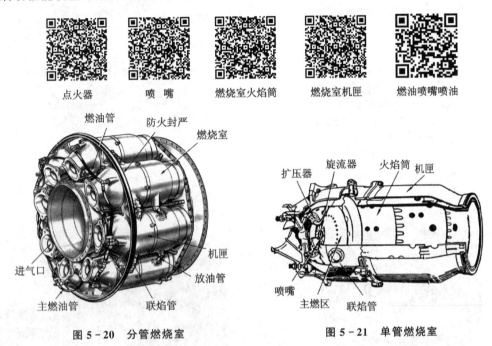

点火器　　喷　嘴　　燃烧室火焰筒　　燃烧室机匣　　燃油喷嘴喷油

图 5 - 20　分管燃烧室　　　　　　　图 5 - 21　单管燃烧室

2. 联管燃烧室

典型的联管燃烧室如图 5 - 22 所示。可以看出,联管燃烧室也是有单独的火焰筒,这些火焰筒被包容在一个共同的环形通道里。联管燃烧室的优点是结构比较紧凑,外壳可传递扭矩,因而有利于减轻发动机的结构质量,而它的火焰筒与单管燃烧室相似,因而设计调试仍较方便。

3. 环形燃烧室

典型的环形燃烧室如图 5 - 23 所示。它是由四个同心的圆筒组成,最内、最外的两个圆筒为燃烧室的内、外壳体,中间两个圆筒所形成的通道为火焰筒。火焰筒的头部装有一圈燃油喷嘴和火焰稳定装置。环形燃烧室的气流通道与压气机出口和涡轮进口的环形气流通道可以有很好的气动配合,因而可以减少流动损失,而且还能得到较均匀的出口周向温度场。环形燃烧室的空间利用率最高,迎风面最小,这有利于减轻质量。近年来,很多新型发动机上都已广泛采用短环形燃烧室,以进一步减轻发动机的质量。为了提高燃烧室的性能,出现了一些新形式的环形燃烧室,比如 JT9D 发动机带单独头部的环形燃烧室(见图 5 - 24)、PT6T 涡桨发动机回流形燃烧室(见图 5 - 25)。

环形燃烧室虽然具有较多优点,但其缺点也比较明显:首先,沿圆周均匀分布的各个离心喷嘴喷油所形成的燃油分布和环形通道的进气不易配合好;其次,环形燃烧室的设计调试比较困难,需要有大型的气源设备。当然,由于仅有一个环形火焰筒,故在使用中拆装维护也比较复杂。

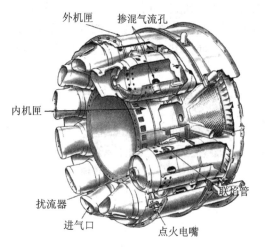

图 5 - 22　联管燃烧室

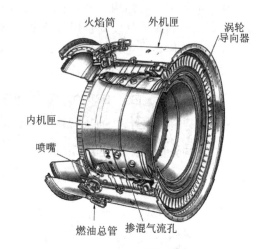

图 5 - 23　环形燃烧室

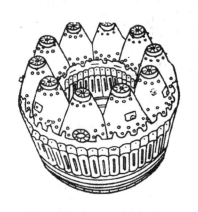

图 5 - 24　JT9D 发动机带单独头部环形燃烧室

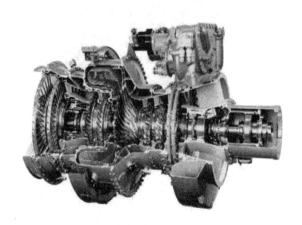

图 5 - 25　PT6T 涡桨发动机回流形环形燃烧室

综合上述三种结构可以看出，一般的燃烧室由扩压器、火焰筒、燃油喷嘴、点火器和机匣组成。从压气机进来的气流首先通过扩压器降低速度，为燃烧室提供稳定、均匀的流场，随后进入火焰筒。火焰筒是组织燃烧的场所，一般由涡流器（旋流器）、火焰筒筒体等部分组成。火焰筒头部的旋流器使气流形成低轴向速度的区域，再与经过喷嘴雾化的燃油进行混合，经过点火器点燃，发生化学反应，产生热能。

航空发动机性能不断提高，发动机的工作压力和涡轮前温度越来越高，燃烧室的工作条件和技术指标要求越来越苛刻，突出的技术矛盾是在燃烧室负荷越来高的情况下，满足高效燃烧的性能和质量更轻的要求，燃烧释放的燃气温度范围为 1 800～2 000 ℃，传统技术是采取冷却方式，如图 5 - 26 所示。

燃烧室的污染排放物包括：一氧化碳（CO）、未燃碳氢（UHC）、氮氧化物（NO_x）、烟等 4 种燃烧产物。目前除氮氧化物以外，其他排放物指标已相当低。为了消除和减少 NO_x 的产生，需要在发动机高转速工作下使燃烧室尽可能降低高温空气的温度，可通过限制参与燃烧的高温空气量或降低燃烧室温度来达到。目前，世界各大航空发动机制造商用于大型先进商用航空发动机的燃烧室技术各不相同。

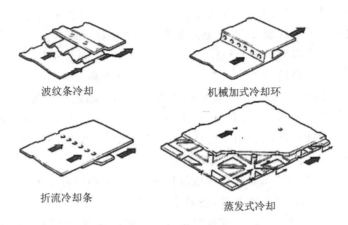

波纹条冷却　　　　　　　　机械加式冷却环

折流冷却条　　　　　　　　蒸发式冷却

图 5 - 26　燃烧室冷却

　　在现有发动机燃烧室设计基础上改进来获取先进低排放燃烧室技术的有罗·罗公司的第五阶段燃烧室、普·惠公司的 TALON 燃烧室和霍尼韦尔公司的 SABER 燃烧室。而 GE 公司在获取低排放燃烧室解决方案的过程采取了全新的技术和全新的设计,如双环腔燃烧室(DAC,见图 5 - 27)和双环预混旋流器燃烧室(TAPS)。

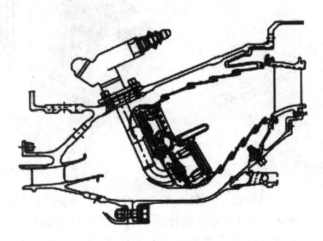

图 5 - 27　CFM56 双环腔燃烧室

5.1.4　涡　轮

　　涡轮又称透平。空气和燃油在燃烧室混合燃烧以后,释放的能量被涡轮吸收,一部分转化为机械能,另一部分用来带动压气机转子、螺旋桨(涡桨)或旋翼(涡轴)来工作。

　　涡轮分为径向式和轴流式两种。径向式涡轮一般与离心式压气机配合使用,总是单级,主要用于小功率的燃气涡轮发动机,而轴流式涡轮一般与轴流式压气机配合使用,主要用于大型燃气涡轮发动机。

　　按照驱动涡轮方式不同,轴流式涡轮一般分为三种类型,即冲击式、反力式和冲击反力组合式。冲击式导向器叶片呈收敛形状,使燃气加速,压力降低,引向涡轮叶片,涡轮叶片承受燃气冲击;而反力式导向器叶片改变燃气流方向,不改变压力,收敛式涡轮叶片通道承受燃气膨胀和加速产生的反作用力,如图5-28所示。燃气涡轮发动机多采用冲击反力组合式涡轮。类似于压气机,按照转子数目来分,涡轮也分为单转子和多转子结构。

GEnx发动机涡轮

　　　　涡轮由静子和转子两部分组成,涡轮静子又称涡轮导向器,涡轮转子又称涡轮工作轮。类似于压气机,一排静子叶片和一排转子叶片组成涡轮的一个级。如CFM56-3涡轮风扇发动机有5级涡轮,包含1级高压涡轮(HP)和4级低压涡轮(LP);PW4000涡轮风扇发动机有7级涡轮(2HP,5LP)。由于气体通过涡轮膨胀做功,气体比容增大,密度减小,因而涡轮的气流通道截面是逐渐增大的,呈扩张形。

涡轮导向器

　　　　由于涡轮工作环境的特殊性,涡轮部件除了和压气机一样要保证足够的强度和刚性外,还要注意减少传热、改善部件工作条件。涡轮静子主要由导向器叶片和机匣组成。导向叶片位于涡轮机匣中(见图5-29),安装方式应允许叶片发生膨胀。导向器叶片通常是空心结构,可以由压气机出口空气在其内部流过进行冷却,以减轻热应力和气动负荷的影响。

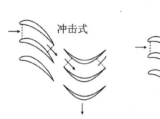

图5-28　冲击式和反力式涡轮

图5-29　涡轮静子

涡轮转子

涡轮转子平衡实验

　　　　涡轮转子一般由工作叶片、涡轮盘、轴及连接件组成(如图5-30所示),为CFM56的转子结构。涡轮转子旋转速度和工作温度高,因此涡轮转子采用盘式或鼓盘式,鼓式转子基本不用。通常由机械加工的锻件制成。可以与轴制成一体,也可以用螺栓连接涡轮轴,轮盘的外圆处还有涡轮叶片安装用的榫槽。为了限制从涡轮叶片向轮盘的热传导,每级轮盘的两面都通有冷却空气。

　　　　转子叶片仍然是由叶身和榫头组成的,但涡轮多使用的是枞树形榫头,主要是其具有受热后可以自由膨胀且传热性更好的优点,如图5-31所示。

涡轮机匣与工作叶片的径向间隙对涡轮效率影响很大,间隙大,涡轮效率下降。比如径向间隙增加1 mm,则涡轮效率降低约2.5%,将引起发动机耗油率增加约2.5%;但间隙小,工作时叶尖与机匣相刮,可能引起涡轮材料磨损。因此,需要采用易磨封严装置或冷却机匣的方式来控制涡轮间隙。

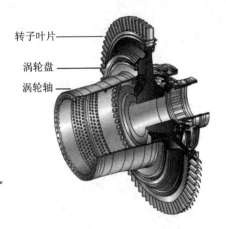

图 5 - 30　CFM56 - 3 高压涡轮转子结构

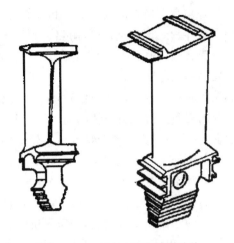

图 5 - 31　RB211 涡轮转子叶片

由于燃气温度高,因此涡轮部件必须冷却,这样既可以增加涡轮部件的寿命,又可以间接提升涡轮的效率。在涡轮中,需要冷却的部件有导向器、榫头以及转子叶片。涡轮导向器叶片和转子叶片内部一般被设计成复杂的冷却通道,如图 5 - 32 及图 5 - 33 所示。单通道内部对流冷却具有很大的适用效果,主要用来自压气机的空气对其进行冷却。多通道的内部冷却涡轮叶片效果更佳,冷却的方法有很多种,如对流冷却、气膜冷却、冲击冷却等,当前大多数现代燃气涡轮发动机上是将三种冷却方法组合使用。

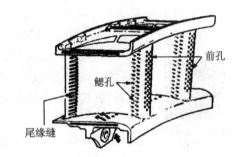

图 5 - 32　涡轮导向器叶片冷却

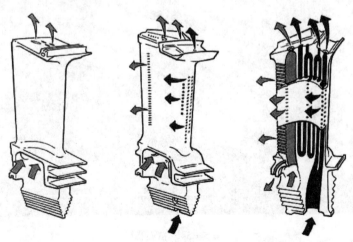

图 5 - 33　涡轮转子叶片冷却

更高的涡轮进口温度对于发动机性能而言是有利的,但是涡轮部件工作将受到很大的影响。在如此高温的工作条件下,涡轮部件的负荷决定它们到底能够使用多久。加之转速高,涡轮材料就必须承受极高的温度负荷和离心力。因此,正确选用涡轮部件的材料至关重要。

导向器叶片处于静止状态,耐热是其最主要的性能要求。虽然需要采用冷却来防止熔化,但仍使用镍合金、陶瓷涂层加强热阻特性,在相同的工作条件下,可减少需要的冷却空气量,从而提高发动机效率。

涡轮盘必须在相对低的温度环境下高速旋转,并承受很大的旋转应力。影响轮盘可用寿命的限制因素是其抗疲劳裂纹的能力。近年来涡轮盘一是采用镍基合金制造,增加合金中镍元素的含量,通过增大抗疲劳特性延长轮盘的寿命;二是采用昂贵的粉末冶金盘,它可将强度提高10%,允许达到更高的转速。

涡轮叶片工作时达到红热状态仍应具备足够的强度来承受高速旋转产生的离心载荷。一片小小的涡轮叶片质量仅56.7 g(2盎司),在最高转速下的载荷会超过2 t,它还要承受燃气施加的很高的弯曲载荷,产生驱动压气机所必需的数千千瓦的涡轮功率。涡轮叶片还应当耐疲劳和热冲击,保证在燃气高频脉动影响下不致损坏。工作叶片还要能耐腐蚀和耐氧化。除了所有这些要求之外,工作叶片应当采用可以精确成形和利用现有制造方法加工的材料制造。

很显然,叶片材料及允许的安全寿命有相应的最高涡轮进口温度以及相应的最大发动机功率。因此,必须不断地寻求更好的涡轮叶片材料和改善叶片的冷却方法。

压气机、燃烧室与涡轮

燃气轮机的高压转子部分(高压压气机、燃烧室、高压涡轮)称为核心机(Core engine)(见图5-34),核心机可以作为燃气发生器。但是在双轴燃气轮机中的核心机(高压转子)并不是它的燃气发生器,双轴燃气轮机的燃气发生器部分还应该包括低压转子中的低压压气机和带动低压压气机的那一部分低压涡轮。因此,核心机与燃气发生器是两个不同的概念。

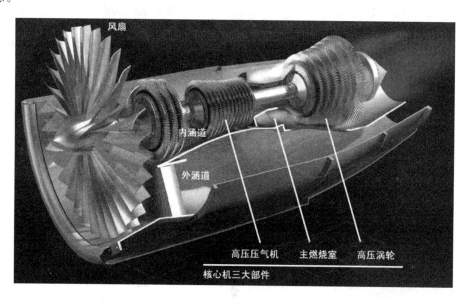

图5-34　核心机

一台高性能核心机可以发展一系列的发动机,包括涡轮喷气发动机、涡轮风扇发动机、涡轮螺旋桨发动机、涡轮轴发动机以及地面或舰船用的动力。另外,按相似理论放大、缩小,可以将核心机尺寸加大或缩小,以改变发动机的推力或功率大小。因此,国内外的航空发动机公司均不遗余力地开展高性能核心机和燃气发生器的研制工作。

5.1.5 尾喷管

尾喷管的功能是将从涡轮(或加力燃烧室)流出的燃气膨胀加速,将燃气中的一部分热能转变为动能,从尾喷管高速喷出,产生反作用推力。

尾喷管具有二维与轴对称、管道与塞式、对称与非对称等不同形式,但从气动工作原理来讲主要分为收敛喷管(convergent nozzles)和收扩喷管(也称拉瓦尔喷管,Laval nozzle)两大类,如图 5-35 所示。

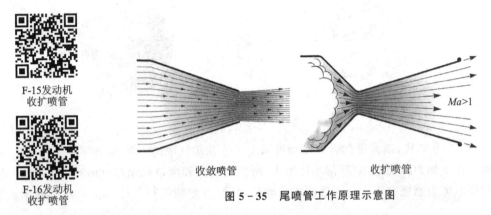

F-15发动机
收扩喷管

F-16发动机
收扩喷管

收敛喷管　　　　　　　　收扩喷管

图 5-35 尾喷管工作原理示意图

按照气动原理,收敛喷管最多能将燃气加速到声速,因此适合用在尾喷管入口燃气压力不是很高的发动机中,例如部分涡喷发动机和高涵道涡扇发动机。收扩喷管在燃气的压力足够高的条件下可以将燃气加速到超声速的状态,因此常用于燃气压力较高的发动机上,以获得尽可能大的推力,例如军用低涵道比涡扇发动机。

有的尾喷管还带有反推力装置(见图 5-36),以降低飞机落地后的滑跑速度,缩短飞机着陆时的滑行距离。反推力装置是燃气折转向斜前方(45°~60°)排气而产生反推力。目前常用的有三种形式:堵塞片式(折流栅式)、斗门式(抓斗型折流门)、旋转门式(瓣式枢轴转动折流门)。

图 5-36 反推装置

有的尾喷管还带有消音装置(见图 5-37),以减小排气时的噪声。一般采用波纹形或瓣形的消声器降低喷气速度,达到降低噪声的目的。对于涡扇发动机,混合排气亦可达到这种目的。

最简单的尾喷管是由排气管和喷口两部分来组成的,如图 5-38 所示。排气管位于涡轮与喷口之间,使从涡轮出来的燃气从环形通道过渡到实心通道。为了避免涡轮盘后的涡流损失,而要增加整流锥。整流锥靠整流支板固定在排气管内。整流支板一般做成对称叶型,起半级涡轮作用,以保证燃气轴向排出,减少推力损失。它一般为空心结构,测量排气压力或温度的探头会安装在内部,一些油管路也要穿过其到达轴承腔。

　　根据尾喷管出口气流喷射速流的不同,可以分为亚声速喷管和超声速喷管两类。亚声速喷管为收敛喷管,超声速喷管为收扩喷管。在喷气发动机发展的初期,飞机大多是亚声速或低超声速的,此时采用固定的简单收敛喷管,就是前面所述的形式最简单的尾喷管。

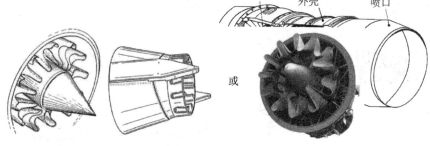

图 5 - 37　消音喷管

　　20 世纪 70 年代,高涵道比涡扇发动机采用了分开排气喷管。随着飞行速度的提高,涡扇发动机装备了加力燃烧室,喷管落压比增大,研制出喉部和出口面积都可调的收扩喷管。这种喷管保证了加力燃烧室工作时不影响主发动机,且在更宽的飞行高度范围内保持发动机性能最佳。

　　从 20 世纪 70 年代开始,国外开始大力研究利用推力矢量控制技术来提高战斗机机动性。典型的有美国研制 F119 和俄罗斯研制的 AL - 31F 发动机,如图 5 - 39 所示。矢量喷管可以使燃气射流向上下左右不同方向偏转一个可以操纵的角度,对飞机产生一个俯仰或左右偏转的力矩,便于在高速飞行中对飞机进行操纵和控制。

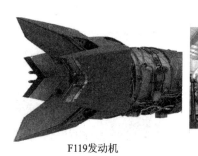

F119发动机　　　　　　　　　　　AL－31F发动机

图 5 - 39　矢量喷管

　　排气系统承受很高的燃气温度,用镍或镍合金制成。为防止向飞机结构传递热量,通过在喷管周围流过通风空气,或排气系统的发热段加隔热层,由纤维隔热材料制成的内层,外套薄不锈钢外皮,外层制成波纹形以增加强度。另外,排气系统有时还应用吸声材料,减小发动机的噪声。

5.1.6　加力燃烧室

涡喷或涡扇是发动机处于最大工作状态工作时产生最大的推力,这时候发动机的转速已经达到最大转速,涡轮前燃气温度无法再提高,要在短时间内进一步增加发动机的推力,就必须采取发动机加力。加力可以有不同的方法,在涡轮出口设置加力燃烧室是增加推力的有效方法之一。大多数加力用于军用发动机,而最为典型的民用发动机是装载在协和式超声速客机上的奥林帕斯涡喷发动机。

在加力燃烧室中可以将主燃烧室内没有烧完的氧气进一步喷油燃烧,从而提高燃气温度以增大发动机的推力。加力可以提供 60%～80% 的推力增大幅度,但是燃油经济性极差。如 F-14 战斗机可以带 7 257 kg(16 000 lb)燃油,但是在最大加力状态下(见图 5-40),每分钟的燃油消耗达到近 907 kg(2 000 lb);如果一直开启最大加力,不到 10 min 就能烧光全部燃油。

图 5-40　开启加力从航母甲板起飞的 F-14 战斗机

加力燃烧室出口的燃气温度比主燃烧室出口的燃气温度高得多。假设可以将燃气中的剩余氧气完全燃烧完,那么当发动机进口的空气温度为 288 K 时,加力燃烧室出口燃气就有可能达到 2 400～2 600 K。目前加力燃烧室的材料不允许这样高的燃气温度,而且在高温下燃烧产物易于分解。目前加力燃烧室出口燃气温度最高达到 2 000 K 左右。

加力燃烧室的原理图结构如图 5-41 所示,由扩压器、喷油系统、点火器和火焰稳定器等组合件组成。由于加力燃烧室工作时需要将燃气中的大部分氧气燃烧掉,因此在结构上不再像主燃烧室那样设置火焰筒,而是在加力燃烧室的主气流中设置火焰稳定器。一般采用断面为 V 形的圆环或径向辐射条作为火焰稳定器,为了减少流动损失,常把稳定器分为两排或三排,在不同半径上前后错开排列。

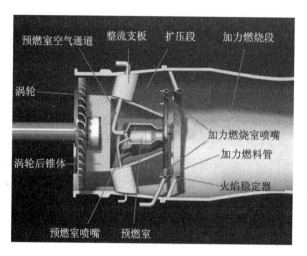

加力燃烧室喷嘴测试

J79发动机开加力测试

图 5-41　加力燃烧室结构图

长期以来国内外都采用 V 形火焰稳定器。20 世纪 80 年代初我国高歌发明了沙丘驻涡火焰稳定器,与 V 形火焰稳定器相比,它稳定性能好、流动阻力小、燃烧效率高,可以在较高速度的气流中使火焰稳定燃烧,如图 5-42 所示。

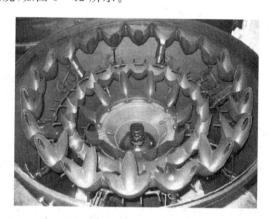

图 5-42　沙丘式火焰稳定器

5.2　涡轮喷气发动机的工作系统

5.2.1　空气系统

发动机空气系统(air system)中的气流是指那些对发动机推力的产生无直接影响的空气流。这些气流主要用于发动机工作的以下几方面:对发动机内部进行冷却,轴承腔封严,压气机防喘控制,涡轮叶片的间隙控制,发动机防冰等。这些气流还可以为飞机的使用提供引气,用于飞机空调、机翼防冰、探头加热等。

1. 发动机冷却与封严

发动机内部空气气流的主要任务是内部封严、压力平衡和内部冷却,主要气流的流向如

图 5-43 所示。

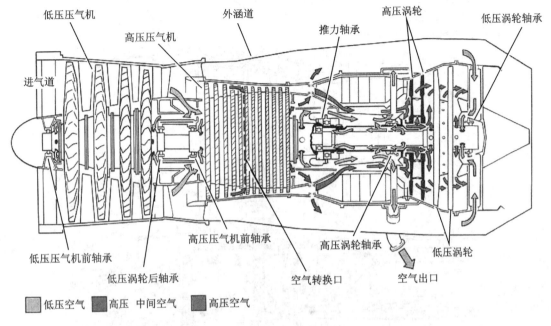

图 5-43　内部空气流向

如前所述,燃烧室的工作环境是十分恶劣的,燃烧室内燃烧释放的燃气温度是 1 800～2 000 ℃,燃气温度太高,不能直接进入涡轮导向器叶片,需冷却后进入涡轮导向器叶片。冷却在稀释区实现,火焰筒与机匣间的二股空气流中,有 20％引入火焰筒稀释区降低燃气的温度,其余 40％用于冷却火焰筒壁,实现这一点是借助于一层冷却空气沿火焰筒壁的内表面流动,形成一层隔热空气膜,将火焰筒壁面与热燃气隔开。

涡轮前燃气温度越高涡轮喷气发动机的热效率越高,但是这个温度受到涡轮叶片和导向器材料的限制,因此需要对涡轮部件进行冷却。从涡轮叶片向涡轮盘的热传导要求对轮盘加以冷却,从而防止热疲劳和不可控的膨胀率和收缩率。冷却涡轮盘的空气进入轮盘之间的空腔,并往外流过轮盘的表面,在完成冷却功能之后,排入主燃气流。

封严件用于防止滑油从发动机轴承腔漏出,控制冷却空气流和防止主气流的燃气进入涡轮盘空腔。在燃气涡轮发动机上使用了多种封严方法,如篦齿封严、液压封严、石墨封严和刷式封严等。选择何种方法取决于周围的温度和压力、可磨损性、发热量、质量、可用的空间、易于制造及易于安装和拆卸,如图 5-44 所示。

2. 发动机防喘

如果压气机的工作状偏离设计状态太多,就会发生气流分离和空气动力诱导的振动。这些现象通常是由下列两种形式之一而引发的。转子叶片可能因为空气流相对叶片的迎角太大或太小而失速。如果失速叶片过多,就会出现发动机喘振。压气机防止喘振的主要措施是采用压气机可调静子叶片、放气机构及多转子,即通过改变迎角大小,避免叶片失速。

在单轴上实现高增压比时,必须在压气机设计中采用流量控制。控制形式是在第一级上安装可调进气导向叶片。此外,随着该轴上的压比的提高,在随后的一些级中采用可调静子叶

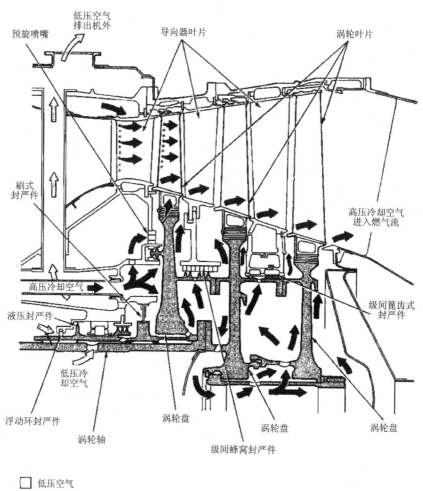

低压空气排出机外

预旋喷嘴

导向器叶片

涡轮叶片

高压冷却空气进入燃气流

刷式封严件

高压冷却空气

级间篦齿式封严件

液压封严件

低压冷却空气

浮动环封严件

涡轮轴

涡轮盘

涡轮盘

涡轮盘

级间蜂窝封严件

□ 低压空气
■ 高压空气

图 5-44　空气封严

可调静子导流叶片

片。可调静子叶片机构是根据发动机状态控制静子叶片的角度,主要由可调静子叶片、摇臂、联动环、作动筒和控制器等组成,如图 5-45 所示。当压气机转速从其设计值往下降低时,静子叶片逐渐关小,使空气流到后面的转子叶片上的角度合适。反之,转速增加时,静子叶片逐渐开大。

　　放气机构是根据发动机状态控制放气活门的开关,打开放掉一部分压气机中间级的空气,一旦脱离喘振区,放气活门或者放气带关闭。放气机构主要由放气活门(放气带)、作动筒和控制元件等组成。活门关闭过早或过晚均不利,关闭过早发动机没有脱离喘振范围,仍可能喘振;关闭过晚,放掉空气,造成浪费,影响发动机工作效率。图 5-46 所示为某型涡轮风扇发动机放气活门工作原理,两个作动筒在风扇框架的每一边,经由作动筒移动放气活门。当作动筒推向前时,放气活门打开部分空气从低压压气机的最后一级流出进入风扇排气通道;当作动筒向后时,放气活门关闭。

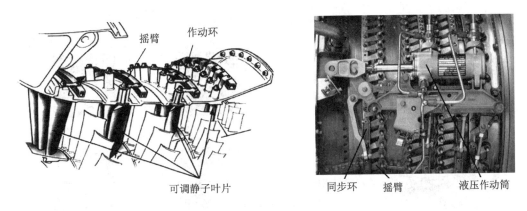

摇臂　作动环

可调静子叶片

同步环　摇臂　液压作动筒

图 5-45　可调静子叶片

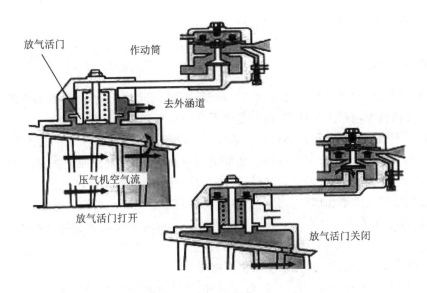

放气活门　作动筒

去外涵道

压气机空气流

放气活门打开

放气活门关闭

图 5-46　放气活门工作原理

3. 发动机防冰

当飞机穿越含有过冷水珠的云层或在有冻雾的地面工作时,发动机的进气道前缘,进气整流罩、进口导向叶片都有可能结冰。防冰是必要的,这是因为结冰会大大限制通过发动机的空气流量,从而影响发动机的工作性能,并且脱落下来的冰块被吸入压气机后就会造成发动机部件损坏。

为了防止飞机某些部位结冰,根据结冰情况实时除冰,保证飞机安全飞行,人们常常采取适当的防冰与除冰技术。发动机防冰方法是对容易结冰的零件表面进行加温。常用热源有:压气机热空气、电加热和滑油加热。

防冰用的热空气一般来自高压压气机,经防冰调节活门和供气管路送到防冰部位,如图 5-47 所示。进口整流罩防冰系统用过的空气可以排入压气机进口或排出机外。调节放气活门一般由飞机防冰探测系统的信号自动作动,管道上可有压力、温度传感器监视防冰热空气的温度和压力,一旦超限,传感器便给出信号。

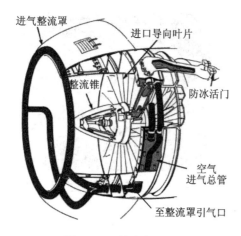

进气整流罩
进口导向叶片
整流锥
防冰活门
空气
进气总管
至整流罩引气口

图 5-47　热空气防冰

发动机结冰理论

高温发动机遇到冰

防冰系统简介(1)

防冰系统简介(2)

5.2.2　燃油系统

飞机的不同飞行阶段(滑跑、起飞、爬升、巡航、下降、进近、复飞等)需要不同的推力(或功率)，对应着发动机不同的工作状态，也就是说需要供给发动机不同的燃油量。

飞机上有飞机燃油系统和发动机燃油系统。发动机燃油系统是从飞机燃油系统将燃油供到发动机的燃油泵开始，一直到燃油从燃烧室喷嘴喷出，这中间除燃油泵外还有燃油/滑油热交换器、燃油滤、燃油控制器、燃油流量计、燃油总管和燃油喷嘴等。

燃油泵主要负责供油和增压。目前世界各国研制的航空发动机的主燃油泵普遍采用齿轮泵。另外，柱塞泵作为燃油泵也是一种合理的选择。燃油泵有低压泵和高压泵之分，低压泵能够在低燃油进口压力下使热交换器更轻便和更有效，保证高压泵的进口总能维持一定的压力；而高压泵能够产生高燃油压力，保证发动机正常工作。

燃油一般从发动机燃油泵的增压级(低压泵)出来后进入到燃油/滑油热交换器(如图 5-48 所示)，在这里冷却滑油的同时燃油得到加温，然后燃油通过燃油滤到高压泵。而有的发动机燃油/滑油热交换器位于高压泵的下游，优点是外部燃油管较少，但是燃油漏进滑油冷却器的危险比低压系统高。

燃油控制器主要负责计量燃油，并供应动力油、伺服油控制一些作动机构，如作动筒、活门等。液压机械式及气动机械式燃油控制器曾是民用航空发动机上使用最多的控制器。这种控制器有良好的使用经验和较高的可靠性，除控制供往燃烧室的燃油外，还操纵控制发动机可变几何形状，例如可调静子叶片、放气活门或放气带等，保证发动机工作稳定并提高发动机性能。

随着需要控制和监视的参数增多，控制回路不断增加，控制精度要求提高，以及发动机控制和飞机系统之间联系增加，监控、诊断、显示等功能的扩充，液压机械和气动机械式控制器已不能满足要求，它们的发展受到限制，进一步的发展需要采用电子控制。

监控型控制器是作为从液压机械式控制向数字电子控制过渡出现的，为全面使用电子控制开辟了道路。这种控制器是在原有的液压机械式控制器的基础上，增加一个发动机电子控制器(EEC)，两者共同实施对发动机的控制，例如 CFM56-3、JT9D-7R4、RB211-535E4 等发动机都采用了这种控制器。液压控制器作为主控制器，负责发动机的完全控制，而 EEC 具有监督能力,对推力进行精确控制,并对发动机重要工作参数进行安全限制。

发动机燃油
系统简介(1)

发动机燃油
系统简介(2)

燃油控制

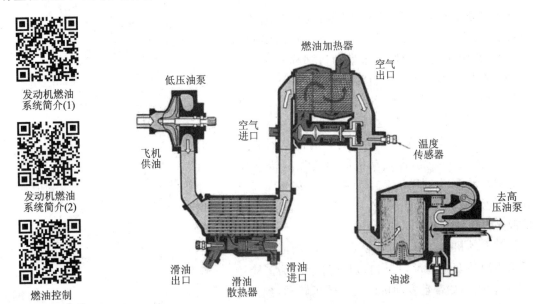

图 5-48   燃油/滑油热交换器

随着电子技术的发展,出现了一种性能更加全面的控制器,称为全功能数字电子控制系统(FADEC)。这种系统包括发动机电子控制器(EEC)或电子控制组件(ECU)、燃油计量装置(FMU)或液压机械装置(HMU)等。

FADEC是当今动力装置控制的发展方向,它使发动机控制技术、控制精度、控制综合范围、科学维护使用方面达到新的水平。在FADEC控制中,发动机电子控制器EEC或电子控制装置ECU是它的核心,FADEC系统是管理发动机控制的所有控制装置的总称。所有控制计算由计算机进行,然后通过电液伺服机构输出控制液压机械装置及各个活门、作动筒等,因此液压机械装置是它的执行机构。具体结构在后续章节中讨论,这里不再赘述。

经高压泵增压后的燃油进入燃油控制器,计量好的燃油离开燃油控制器到燃油流量计,以便测量实际供给喷嘴的燃油质量流量。之后到燃油分配活门,经燃油总管将计量燃油分送到各个喷嘴。有的发动机机型(如CFM56-7)在燃油进入喷嘴前的管路上还有油滤清洁燃油。

燃油喷嘴的作用是把燃油雾化,使燃油能和空气充分混合,它是发动机燃油系统的终点。燃油喷嘴可分为雾化型和气化型(蒸发管)。早期涡轮喷气发动机采用的是单油路离心喷嘴,为了提高雾化效果,现在已发展到双油路喷嘴和空气雾化式喷嘴,如图5-49所示。

5.2.3   启动点火系统

为了保证航空燃气涡轮发动机能顺利启动,需要有两个相互协调工作的系统:启动系统和点火系统。发动机在地面正常启动时,两个系统必须同时工作。首先由启动系统将发动机压气机转子带转到一定转速,使适量空气进入燃烧室并与燃油喷嘴喷出的燃油相混合,再由点火系统点燃燃烧室内的油气混合气,燃烧产生的高温高压燃气带动涡轮转动,此时,压气机在启动机和涡轮的共同作用下不断加速,当转速达到一定值时,启动机退出工作。

1. 启 动 系 统

　　使发动机转子的转速由零增加到慢车转速的过程,称之为启动过程。航空燃气涡轮发动机的结构和循环过程,决定了它不能像汽车发动机那样自主的点火启动。在静止的发动机中直接喷油点火,压气机没有旋转,前面空气没有压力,就不能使燃气向后流动,也就无法使涡轮转动起来,这样会烧毁燃烧室和涡轮导向叶片。因此,燃气涡轮发动机的启动特点就是:先要气流动,再点火燃烧,即发动机必须要先旋转,再启动。这就是矛盾,发动机还没启动,还没点火,却要它先转动。根据这个启动特点,就必须在点火燃烧前先由其他能源来带动发动机旋转。

　　根据发动机启动过程中,带动转子转动的扭矩与转子阻力矩的变化情况,可以将启动过程分为三个阶段:由启动机开始带动发动机压气机转子转动,到涡轮发出功率,转子仅由启动机带动;由涡轮开始发出功率

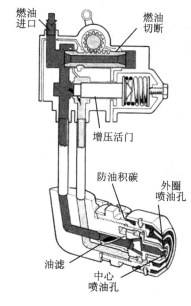

图 5-49　喷　嘴

起,到启动机脱开为止,压气机转子由启动机和涡轮共同带动;由启动机脱开时止,到发动机进入慢车状态,转子由涡轮单独带动。

　　启动机必须产生高扭矩并传递到发动机旋转组件,以提供一种平缓的方式从静止状态加速转子,供应足够的空气到燃烧室和燃油混合燃烧,直到流经发动机涡轮的燃气流提供足够的功率取代启动机的功率。

　　启动机的类型有很多,电动启动机和空气涡轮启动机较多使用。电动启动机主要用于涡轮螺旋桨、小型喷气发动机和辅助动力装置上。电动启动机就是一台直流电动马达,使用、维护方便,尺寸小,易使启动过程自动化。图 5-50 所示为一种电动启动机,它通过减速齿轮、棘轮机构或离合器与发动机连接,在发动机达到自维持转速后能自动脱机。

　　空气涡轮启动机用于大多数商用和某些军用喷气发动机,由单级涡轮,减速器,离合器和传动轴等组成,如图 5-51 所示。空气涡轮启动机具有质量轻、扭矩大、结构简单的优点。但是空气涡轮启动机工作时需要有气源,它的可用气源有地面气源、机上辅助动力装置的引气以及已启动的发动机的引气,因此它不单独启动。

2. 点火系统

　　点火系统的作用是发动机启动时提供产生电火花,点燃混合气,并且能在起飞、着陆和遇到恶劣天气下,提供连续点火。所有喷气发动机均采用高能点火,而且总是装备双套系统。

　　点火系统包括点火激励器、点火导线和点火电嘴等。点火装置使用的是来自飞机供电系统的电源,由启动点火系统电路控制,其中有一个是从飞机应急电源系统供电。电能被储存在点火激励器的储能电容,直到达到非常高的预定电压值,该能量便以高电压、高电流放电形式通过点火电嘴释放出来,产生火花。就是说,点火激励器是把低压电转换成高压电,而高压点火导线是将高压电从点火激励器传送到点火电嘴。

　　根据使用的低压电源不同,点火激励器分为直流点火器和交流点火器两种。典型的直流

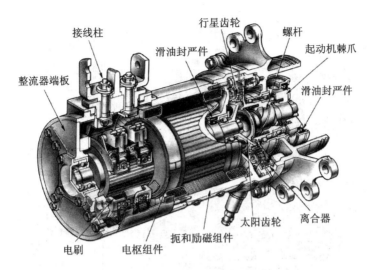

图 5 - 50　电动启动机

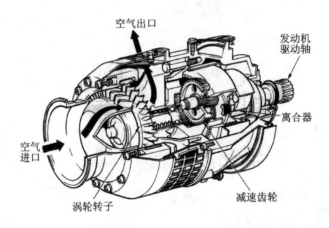

图 5 - 51　空气涡轮启动机

断续器控制的装置有一个感应线圈(如图 5 - 52 所示),由断续器机构操作,通过高压整流器给储能电容器充电。当电容器中的电压等于封严放电间隙的击穿值时,能量通过点火电嘴端面释放。装置中扼流圈可以延长放电时间,并装有一个放电电阻用来保证在系统断开一分钟内将电容器残存的能量释放。点火装置中安全电阻使装置安全工作。

交流点火器接受交流电,通过变压器和整流器对电容器充电。当电容器的电压等于封严放电间隙的击穿值时,电容器通过电嘴的端面释放能量。如同直流点火器一样,它也有安全和放电电阻,如图 5 - 53 所示。

点火电嘴装在燃烧室,通常位于 4 点钟和 8 点钟位置。如图 5 - 54 所示,电嘴有两种基本型,即空气间隙式(a)以及表面放电式(b)。空气间隙式与常规活塞式发动机的火花塞相似,但其火花要击穿的电极和壳体之间空气间隙较大。高的电压要求整个线路具有非常好的绝缘。表面放电式电嘴有一个绝缘的端头,它由半导体雷管构成,允许自中央的高压电极向壳体漏电,使得雷管表面电离,为储存在电容器中的电能提供一条低电阻通路。

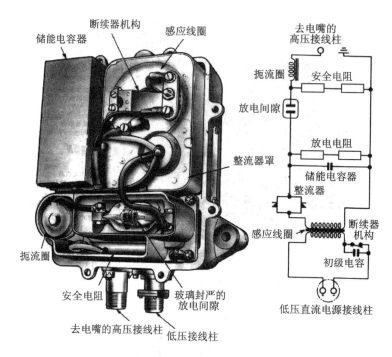

图 5-52　直流点火器

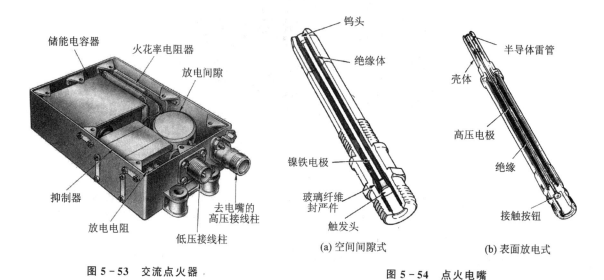

图 5-53　交流点火器

图 5-54　点火电嘴

5.2.4　滑油系统

　　滑油系统的主要任务是把一定压力、一定温度而且洁净的滑油送到需要润滑的地方,以保证发动机能正常工作,包括减少摩擦、降低磨损、冷却、清洁、防腐等。滑油还是螺旋桨调速器、测扭泵的工作介质。

　　选择滑油时,要注意其性能参数的大小。滑油流动的阻力由滑油黏度表示。滑油流动慢,说明黏度大。黏度随温度变化,在冬天,一些牌号的滑油几乎变成固体。温度过低,滑油黏度大，流动性变差，造成润滑、冷却、散热效果不良，启动困难。温度过高，滑油变稀，黏度小，不能形成一定厚度的油膜或者油膜可能被破坏，使润滑、冷却、散热效果不良。

滑油系统一般由供油系统、回油系统和通风系统三个子系统组成。供油系统把一定压力、一定量的滑油送到需要润滑的区域，如轴承腔、附件齿轮箱等。回油系统把润滑后的滑油尽可能快地送回滑油箱。这样，既可以充分利用油箱中的滑油，又可以减少滑油在轴承腔等部位的停留时间，从而减少滑油接触高温的时间，有利于保持滑油的性能。通风系统将轴承腔、滑油箱和附件齿轮箱相互连通，以消除压差，提高滑油喷射效率，并将各收油池的滑油蒸气收集到一起，进行油气分离，分离出的气体通到机外。

滑油系统部件包括滑油箱、滑油泵、主滑油滤、磁屑探测器、滑油冷却器、油气分离器等。图5-55所示为PW4000滑油系统主要组成部件。

滑油系统简介(1)　滑油系统简介(2)

滑油管路　GE90发动机滑油箱

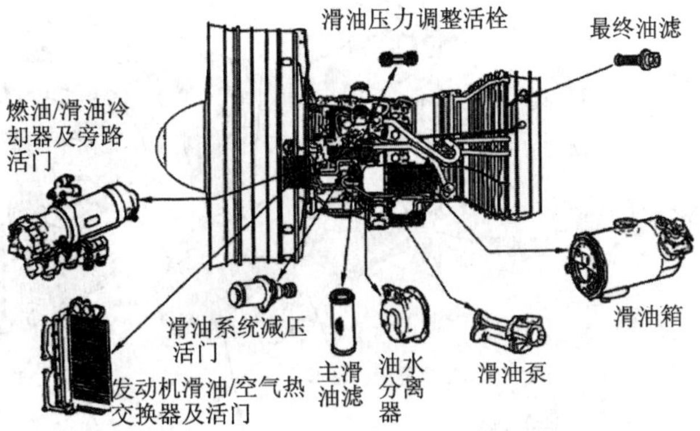

图5-55　滑油系统部件

滑油箱(见图5-56)通常安装在发动机上，有独立外部油箱的滑油系统称为干槽式。如果滑油在发动机内集油槽或集油池中，称为湿槽式。现在燃气涡轮发动机绝大部分是干槽式。滑油箱加油可以是重力式或压力式加油。油箱一般留有容量10%的膨胀空间。油箱应有传感器用来测量油箱滑油量，并在驾驶舱仪表上指示。油箱中有油气分离器(见图5-57)，将滑油回油中的气体分离，滑油继续循环使用。有的滑油箱有防虹吸部件，防止停车后油箱滑油通过供油管流到系统中的最低点。

滑油泵对于发动机能否有效工作极为重要。齿轮泵是最常用的增压泵和回油泵，也有发动机使用旋板泵和摆线泵。由于滑油回油温度高，并且含有大量气泡，回油系统的能力至少是增压系统的两倍以上，因此如果供油泵是1个，回油泵则必须有3个或4个。供油泵和回油泵常位于润滑组件中，装在附件齿轮箱上。

滑油需要循环使用，必须将滑油的热量散掉，这就是燃油/滑油散热器(见图5-58)的任务，也有使用空气/滑油散热器。空气滑油冷却器可以作为散掉滑油过多热量的第二冷却器。空气滑油冷却器通常用于涡轮螺旋桨发动机，因为燃油流量相对低，需要从发动机散掉的滑油热量相对高。

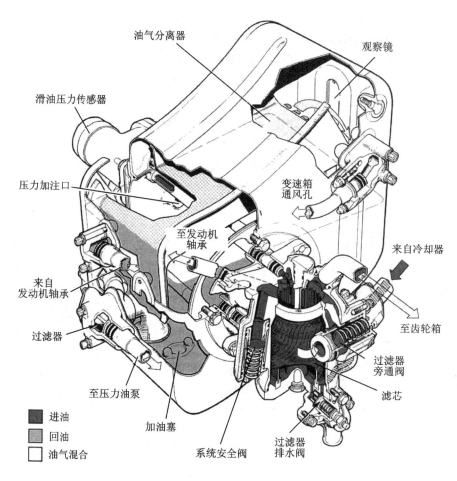

油气分离器

观察镜

滑油压力传感器

压力加注口

变速箱
通风孔

至发动机
机轴承

来自冷却器

来自
发动机轴承

至齿轮箱

过滤器

过滤器
旁通阀

至压力油泵

滤芯

进油

回油

油气混合

加油塞

系统安全阀

过滤器
排水阀

图 5 – 56　滑油箱

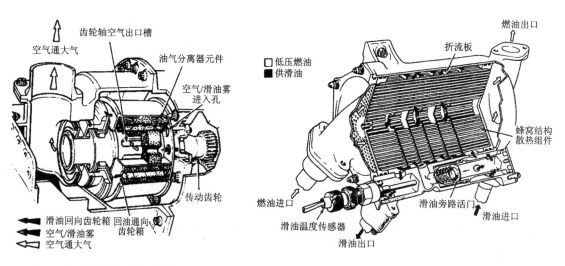

齿轮轴空气出口槽

空气通大气

油气分离器元件

空气/滑油雾
进入孔

低压燃油

供滑油

燃油出口

折流板

蜂窝结构
散热组件

传动齿轮

燃油进口

滑油旁路活门

滑油回向齿轮箱
空气/滑油雾
空气通大气

回油通向
齿轮箱

滑油温度传感器

滑油进口

滑油出口

图 5 - 57　油气分离器

图 5 - 58　燃油/滑油散热器

磁屑探测器装在回油路上,探测金属粒子,判断发动机内部机件工作状态,主要是判断轴承和齿轮的磨损情况。其内部的永久磁铁和滤网吸附含铁及不含铁的粒子、碎块。磁屑探测器应定期拆下检查,在高倍放大镜下观察分析。

5.3　航空发动机控制系统

飞机以不同高度和速度飞行,在整个飞行包线内,航空发动机随着工况(如最大状态、巡航状态、加力状态、加速及减速状态等)的变化,其气动热力过程会发生很大变化。为了保持发动机的给定工作状态,或按照所要求的规律改变工作状态,必须对航空发动机进行控制。控制航空发动机的目的就是使其在任何环境条件和任何工作状态下都能稳定、可靠地运行,并充分发挥其性能效率。

随着飞机性能的发展,对航空发动机的控制要求也不断提高。相比过去,现代航空发动机需要对更多的被控参数更加精确地进行控制,需要进行健康管理、系统控制、故障监视以及保证发动机性能和安全等,因此这也决定了发动机的控制系统具有复杂、多回路的工作特点。

5.3.1　航空发动机控制系统的任务

航空发动机控制系统承担的任务包括以下几方面:

1. 燃油流量控制

根据发动机的不同状态(包括启动、加速、稳态、减速、反推等),将清洁的、无蒸气的、经过增压的、计量好的燃油供给燃烧室。在控制中要求:不能喘振;不能超温;不能超转;不能富油熄火;不能贫油熄火。这就是所谓的推力控制、过渡控制和安全限制。

① 推力控制。根据发动机的工作状态和飞机的飞行状态,计量供给燃烧室的燃油,获得所需的推力。推力控制包括转速控制、压比控制和反推力控制。

② 过渡控制。过渡控制的目的是使发动机状态转换过程能迅速、稳定和可靠地进行。一般包括启动、加速和减速过程的控制及压气机的防喘控制。

③ 安全限制。安全限制的目的是保证发动机安全正常的工作,防止超温、超压、超转和超功率。安全限制系统只有当出现超温、超压、超转和超功率时,才起作用而工作。

发动机在地面条件下工作时受到最大转速、贫油熄火、涡轮前燃气总温的最高值及压气机喘振边界的限制,如图 5-59 所示。

发动机在空中飞行条件下工作时受到的限制如下:高空低速时,受燃烧室高空熄火的限制,这是因为高空空气稀薄,燃油雾化质量差,难以稳定燃烧;低空高速时,受压气机超压限制。

2. 空气质量流量控制

对流经发动机的空气质量流量进行控制,以保证压气机工作的稳定性,包括可调静子叶片(VSV)和放气活门(VBV)等。

3. 涡轮间隙控制

控制高压涡轮包括低压涡轮的转子叶片和机匣之间的间隙,以保证在各个工作状态下间隙为最佳,减小漏气损失,提高发动机性能。

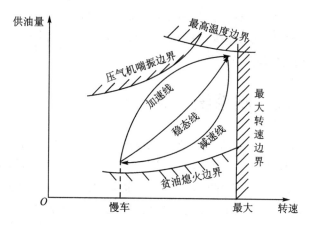

图 5 - 59　航空发动机安全工作范围

4. 冷却控制

冷却控制包括两个方面:一是燃、滑油温度的管理,保证滑油的充分散热及燃油既不结冰又不过热,根据燃油、滑油温度的情况决定各个热交换器的工作方式;二是以最少的引气量,控制发动机部件的冷却,同时提高发动机性能。

5. 涡桨、涡轴发动机控制

涡桨、涡轴发动机控制包括螺旋桨调速器、动力涡轮转速调节器、多发动机负载匹配控制等。

6. 超声速飞机控制

超声速飞机所配备的发动机进气道和尾喷口面积控制,以保证各部件相互之间匹配工作。

5.3.2　液压机械式发动机控制系统

发动机控制系统分为液压机械式、监控型电子式、全权限数字电子式三种类型。

液压机械式及气动机械式燃油控制器仍然是目前为止民用航空发动机上使用最多的控制器。自航空发动机问世以来,一直采用液压机械式控制器。随着航空发动机的不断发展,液压机械式控制器的设计与制造技术也在不断发展,由于对控制功能要求的不断扩大与提高,使控制器的结构不断完善,目前液压机械式控制器已发展成为能够实现比较复杂的发动机控制规律和具有较高控制精度的"计算装置"。它具有良好的使用经验和较高的可靠性,此外还具有抗电子干扰能力强的优点。除控制供往燃烧室的燃油外,还可辅助操纵控制发动机,例如控制可调静子叶片,放气活门,放气带等,保证发动机稳定工作和提高发动机性能。

液压机械式控制器,其计算过程是由凸轮、杠杆、滚轮、弹簧、活门等机械元件组合实现的,由液压油源作为伺服油(控制油)。气动机械式调节器的计算则是由薄膜、膜盒、连杆等气动、机械元件组合进行的,使用压气机空气作为伺服介质。

1. 组　成

液压机械式发动机控制系统由以下部分组成:低压燃油泵,加热器,主油泵,燃油滤,燃油控制器,流量传感器,燃油/滑油热交换器,增压、泄油活门,燃油总管和喷油嘴,如图 5 - 60所示。

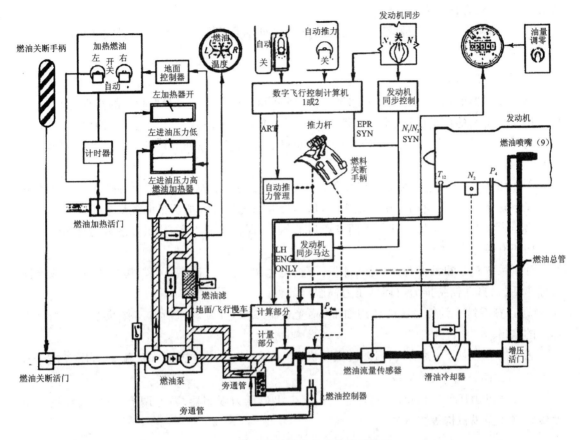

图 5 - 60　液压机械式发动机控制系统

① 低压燃油泵:离心泵,向发动机高压泵提供所需燃油压力和流量。

② 主燃油泵:柱塞泵和齿轮泵(容积泵)给燃油增压。

③ 燃油控制器:根据发动机的工作状态和飞机的飞行状态,计量供给燃烧室的燃油。

④ 燃油/滑油热交换器:加热燃油,防止燃油结冰,同时冷却滑油。

⑤ 增压、泄油活门(PD 活门)分别介绍如下:

增压活门——在供油压力大于预定值时打开(一般在慢车之前),停车时和转速低时关闭。工作时增压使燃油在预定压力下流入燃油总管,控制到副油路的燃油流量,起到分配活门的作用。

泄油活门——停车时打开将燃油总管中的燃油放回到油箱。发动机工作时关闭。

⑥ 燃油滤:清洁燃油,由油滤、旁通活门和压差电门组成。旁通活门的作用是当油滤堵塞或油滤进出口的压差达到一定数值时打开,直接供油。压差电门的作用是当油滤堵塞或油滤进出口的压差达到一定数值时接通,警告灯亮。但发动机仍能正常工作,只是指示油滤堵塞应清洗油滤。

⑦ 燃油喷嘴:雾化燃油,分为离心式(双路离心式喷嘴)、气动式和蒸发型等。

2. 燃油泵

油泵是向燃烧室供油的元件,通常有增压泵和主燃油泵两个泵。根据供油增压原理,油泵可分为两大类:容积式泵和叶轮泵。

目前,民航发动机上用得最多的是渐开线直齿外啮合齿轮泵和轴向倾斜式变量柱塞泵以及离心泵。

3. 燃油控制器

燃油控制器的功能是感受各种参数(外界条件和飞行参数),按照驾驶员的指令控制,向燃烧室供应所需要的计量燃油,使发动机产生需要的推力。控制器按照预先确定的供油计划,根据油门杆角度、压气机出口压力、压气机进口温度和发动机转速调节供油量。燃油控制器由计量系统和计算系统组成。

① 计量系统。计量系统的作用如下:按照驾驶员要求的推力,根据发动机的工作状态和飞机飞行状态,在发动机的工作限制之内,依据计算系统所计算的流量向燃烧室供应燃油。

由压力调节活门来感受计量活门进出口的压力,保持压差不变,使供油量只与计量活门的流通面积有关。

计量系统包括粗油滤与细油滤、计量活门、压力调节活门、最小压力与切断活门、风车旁路与停车活门、自动储备推力与环境压力伺服等部件。

② 计算系统。计算系统的作用如下:感受各种参数,在发动机所有工作状态下控制计量部分的输出。

感受的参数如下:发动机转速 n,压气机出口总压 P_2^*,压气机出口总温 T_2^*,压气机进口总温 T_1^*,油门杆角度 PLA 等。

计算系统由压气机出口压力传感器、压气机出口压力限制器、转速调节器、压气机进口温度传感器及操纵机构等。

5.3.3 航空发动机电子控制器

液压机械式控制器在实现航空发动机单变量控制中具有一定的优越性。但是,现代航空发动机要求控制更多的参数(变量),以提高其性能,若仍利用机械液压式控制器实现多变量控制,其结构将非常复杂,并且无法实现多回路解耦控制,也无法实现现代控制理论中各种复杂的控制方法。

随着电子计算机科学技术及其应用研究的不断发展,将计算机应用于控制器则完全可以实现航空发动机的多变量控制。按照出现的时间,航空发动机电子控制器(Electrical Engine Control,EEC)可分为模拟式电子控制器和数字式电子控制器,如图 5-61 所示。

1. 模拟式电子控制器

模拟式电子控制器是用模拟式电子元器件按照系统设计要求组成的控制计算装置,用它取代或部分取代液压机械式控制器控制发动机。20 世纪 70 年代,英国与法国联合研制的协和式飞机上的奥林巴斯 593 发动机即采用了模拟式电子控制器,俄罗斯的 SU-27 上的 AL-31F 发动机控制系统中部分采用了模拟式电子控制器。

与液压机械式控制器比较,模拟式电子控制器可以实现更多的控制功能,从而使发动机性能得以提高;模拟式电子控制器大多数元器件具有通用性,设计时可以进行选择,不需要专门研制,使系统设计变得简单,而且可以缩短研制周期;模拟式电子控制器内运行的信号为连续的电信号,信号的传递比机械液压信号更容易实现,使得系统结构简化;模拟式电子控制器工

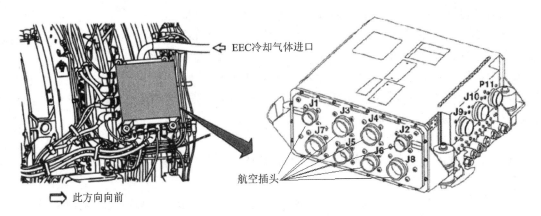

图 5 - 61　航空发动机电子控制器

作时,组成控制器的元器件都同时工作,运行是并行的,计算速度很快。因此,相对于机械液压式控制器,模拟式电子控制器在发动机控制中的应用标示了发动机控制技术的发展。

　　然而,与数字式电子控制比较,模拟式电子控制器的电路确定后,其运行特性也就确定了,因此调整控制规律、控制算法或控制器参数需要更换电子元器件或重新设计运算电路,不便于系统调试;模拟式电子控制器电子元器件本身的误差、性能衰退与老化等因素对控制精度与控制效果有较大的影响;模拟式电子控制器不具有对运行过程中信息的记录功能,使系统维护受到很大限制,不能实现先进航空发动机控制系统可维护性要求;受电子元器件特性与功能的限制、控制器结构的限制以及控制器逻辑判断功能电路较复杂等因素的限制,模拟式电子控制器不可能实现复杂的发动机控制规律、先进的控制模式和控制算法。

　　模拟式电子控制器的缺点限制了它的发展,只是在 20 世纪 70 年代少数型号的航空发动机应用了这种控制技术。随着数字式电子控制器的出现和在航空发动机控制中的成功应用,模拟式电子控制器已被数字式电子控制器所取代。

　　2. 数字电子控制器

　　数字式电子控制器具有强大的计算能力和逻辑判断与数据存储功能,控制器的控制规律、控制模式与控制算法均由程序软件实现。数字式电子控制器所具有的能力和特点,使它能满足发动机控制中的各项要求,因而,新一代航空发动机均采用了数字式电子控制器。数字式电子控制器根据其功能分为具有发动机部分控制功能的数字式电子控制器和全权限数字式电子控制器(Full Authority Digital Electrical Control,FADEC)。

　　(1)具有发动机部分控制功能的数字式电子控制器

　　这类控制器是数字式电子控制器发展的初期阶段在发动机上应用的控制器。在控制系统中,机械液压式控制器承担主要的控制任务,而数字式电子控制器作为辅助控制器完成部分控制功能。

　　发动机尾喷口面积数字式电子控制器就是仅控制发动机尾喷口面积的控制器。它与尾喷口面积机械液压式控制器比较,增加了空中停车自动启动和半自动启动功能,降低了发动机工况转换时的空中停车率,增加了涡轮出口温度监控功能,发动机推力有所增加,耗油率有所降低。

　　发动机电子监控控制器可以监控发动机重要参数不超过极限值,保护发动机,使之处于安全可靠的状态下工作,还可以更为精确地保持需要的发动机推力。

具有发动机部分控制功能的数字式电子控制器,还可以记录系统运行过程中的数据,根据对数据的分析,判断发动机运行情况和故障情况,提高系统的可维护性。

应急备份控制器也是实现发动机部分控制功能的控制器。它的作用是当主控制器出现故障时,由应急备份控制器控制发动机,保证飞机安全返回。应急备份控制器可以是电子式控制器,也可以是机械液压式控制器。

(2) 全权限数字式电子控制器

利用数字式电子控制器的能力完成控制系统所规定的全部任务,也就是实现全功能、全过程、全工况的控制。

全权限数字式电子控制器是当前发动机控制的发展方向,新一代航空发动机均采用了全权限数字式电子控制器。民航发动机控制越来越多采用 FADEC,如 PW4000、V2500、RB211-524 等。

5.3.4 全权限数字式电子控制系统

全权限(全功能)数字电子控制(FADEC)是航空发动机控制发展的最新水平,也是今后发展的方向。所谓权限就是指直接行动的能力,全权限数字电子控制是利用数字式电子控制系统的极限能力来完成系统所规定的全部任务。FADEC 可在整个飞行包线内对发动机没有限制性规则,保证按照驾驶员的意愿操纵发动机。

1. 技术要求

(1) 功能要求

FADEC 系统所具有的功能是在整个飞行包线范围内,在确保发动机安全工作的前提下,尽可能实现无操作限制地控制发动机,产生所需的推力或轴功率,以满足飞行要求。

全权限数字式电子控制系统对于不同类型的发动机,其功能也有所不同,一般具有的主要功能如下:

① 控制功能——地面和空中启动过程控制;加速(或遭遇加速)或功率增加过程控制;稳态控制;加力接通与切断以及加力稳态控制;减速或功率减小过程控制;失速和防喘控制;矢量喷管控制;叶尖间隙控制;防冰控制;多发动机之间的协调控制等。

② 监控功能——最小供油量限制;最大转速(或换算转速)限制;最高温度限制;压气机出口总压限制;输出功率限制;燃油、滑油压力监视等。

③ 其他功能——故障诊断与容错控制;运行参数记录与存储;与飞控计算机、火控计算机、地面检测仪的通信;与飞行员的信息交换;在多发动机飞行器中,与其他发动机控制器的信息交换;对启动机的控制及与启动机控制系统的信息交换;发动机监测数据、维护报告的输出;在分布式控制系统中,各分布节点间的相互通信等。

(2) 性能要求

对 FADEC 的性能要求即稳态性能和动态性能要求。在整个飞行包线内,航空发动机在 FADEC 的控制下应具有良好的动态与稳定性品质,包括动态过程时间短、超调量小、由某一状态过渡到另一状态的过渡平稳、发动机各部件负荷变化速率在允许范围内;稳态控制精度高;抗干扰能力强;具有良好的保护功能,以避免发动机出现超温、超转、超压等情况,即使受某些因素的影响,出现了工作参数超限的危险情况也能够在最短的时间内使发动机恢复至正常工况;工作及存储环境条件符合要求;还应具有良好的操纵性。

（3）可靠性要求

航空发动机 FADEC 系统必须能承受闪电雷击、电磁干扰,能够在规定的高温、低温以及盐雾环境条件下工作,必须具有防火、防爆、防核辐射的能力,能够承受发动机的强烈的振动以及飞机机动飞行产生的离心力的作用。在研制 FADEC 系统的全过程中,应始终把系统的可靠性要求放在首位,系统的可靠性是系统正常运行的前提。可靠性是指产品在指定的工作环境和条件下、在指定的时间内完成指定功能的能力。可靠性指标多以平均无故障时间（Mean Time Between Failure,MTBF）来描述。目前先进军用飞机发动机 FADEC 系统的 MTBF 一般为 1 000～2 000 h,民用飞机发动机 FADEC 系统的 MTBF 一般为 3 000～4 000 h 以上。MTBF 需要积累大量的实际使用数据和通过大量的可靠性试验才能得到。提出系统可靠性要求的目的是,在设计中为系统中各种各类部件、组件、装置、器件及控制软件设计提供可靠性指标分配的依据和可靠性设计目标。在生产中提供检验、检测的依据;在维修中,对故障分析、故障处理方式的选择提供指导性意见。

（4）可维护性要求

FADEC 系统的可维护性是系统设计的重要要求之一,FADEC 必须便于检查,便于故障维修,便于视情维修,便于更换零部件和重新安装使用。

（5）质量和体积要求

航空发动机 FADEC 系统的装机外形尺寸必须控制在所允许的范围之内;FADEC 系统的质量不允许超过主机分配的质量指标。只有采用新原理、新结构、新材料、新工艺等新技术,才能使 FADEC 系统的质量降低。

表 5-2 给出了典型航空发动机 FADEC 系统各部分质量的大体分布情况。

表 5-2 典型航空发动机 FADEC 系统各部分的质量分布

部件组成	部件质量百分比	部件组成	部件质量百分比
执行机构	32%	滑油系统	8%
电缆系统	16%	FADEC	7%
燃油系统	15%	其他	6%
齿轮箱	11%	传感器	5%

2. 系统组成

典型的航空发动机 FADEC 系统组成如图 5-62 所示。可见,FADEC 系统由核心控制器、供油与能源部件、电液转换装置与执行机构及传感器等部分组成。

（1）核心控制器、工作状态输入、执行命令输出模块

在 FADEC 系统中,核心控制器、工作状态输入、执行指令输出这三个模块均为电子模块,通常将它们统一放在一个特殊设计的机箱中。核心控制器的主体是高性能的数字计算机,其内部装载有航空发动机控制软件,依据飞行员所给定的控制指令完成相应的控制功能计算。

工作状态输入模块将来自传感器的信号经调理（滤波）后,与控制指令输入装置的信号一起送入 A/D 转换器（接收模拟量信号）或计算机通用信号接口（接收开关量或频率信号）,再在计算机的控制下,通过 A/D 转换器或通用接口将这些信号转变为数字计算机所能接收的数字

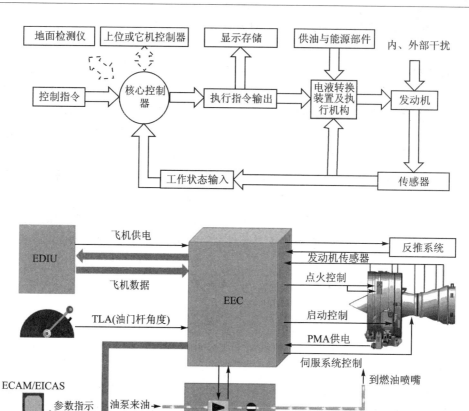

图 5-62 典型航空发动机 FADEC 系统组成

量,输入计算机并完成所需的数据处理单位的转换,以供后续控制计算、故障分析、数据存储、数据传输、状态显示使用。

执行指令输出模块的主要功能是通过 D/A 转换器(将数字量信号转变为模拟量信号)或通用信号接口(输出开关量或频率量或占空比信号)或数据总线,将核心控制器给出的控制量信号转变为相关执行机构所能接受的信号,并输给相关的执行机构;或者将相关信息传输至显示、存储器,显示与存储信息。

(2)供油与能源部件

这一系统作为发动机的能源由燃油泵向发动机主燃烧室和加力燃烧室提供所需要的燃油,同时以一定压力和流量的燃油作为工作介质带动执行机构工作。某些执行机构是以一定压力和流量的液压油或滑油为工作介质,也有的执行机构是以一定功率的电源作为动力。

(3)电液转换装置与执行机构

电液转换装置将来自数字控制器的电信号转换为工作介质的液体的流量或压力。对电液转换装置的基本要求是,转换响应速度快、过程平稳、重复性好、分辨率高,抗介质污染的能力强,具有断电定位能力,应急状态能够平滑地切换到备份系统,以及转换装置应质量轻、体积小,具有冗余结构、自检结构等。FADEC 系统常用的电液转换装置有一步进电机、高速电磁阀、电液伺服阀、力矩马达等为核心的装置。

电液转换装置输出一定流量和压力的液体到执行机构,带动执行机构工作。执行机构包括主燃油计量装置、加力燃油计量装置、可调风扇导流叶片角度调节机构、可调压气机静子叶片安装角调节机构、尾喷管面积作动筒等。对执行机构的要求是响应速度快、质量轻、能承受工作环境温度等。

（4）传感器

对控制系统而言,及时、准确、可靠的测量反映被控制对象运行状态的参数和环境参数是进行高质量控制的前提。因此,具有合适的工作频带、精度高、可靠性高、体积小、质量轻、耐振动、符合环境温度要求的传感器是航空发动机电子控制的关键技术。

（5）地面检测仪

发动机控制系统地面检测仪用来在发动机工作之前或工作之后检测控制系统的完好性。主要是对系统的输入、输出通道的完好性、控制器工作是否正常、系统电源部分工作是否正常等进行检测。地面检测仪通过相关接口与发动机控制器构成"半物理仿真系统",检测发动机控制器的输入和输出通道工作是否正常。

发动机控制系统地面检测仪是必不可少的发动机维护、检测设备,属于发动机配置的仪器。对导弹用航空发动机,地面检测仪更为重要。考虑到外场工作的特殊需求,地面检测仪多为便携式结构。其电源系统也针对外场可能提供的电源类型而设计。

（6）上位或他位控制器

对飞行/推进系统综合控制,上位控制器往往是飞机的飞控计算机,它将当前飞机飞行姿态数据及飞行员的飞行操纵指令传送给发动机控制器,发动机控制器综合发动机当前的进口气流和工作状态数据、飞行员的控制指令、飞机的飞行姿态数据,给出控制发动机的信号。有的上位控制器还作为发动机运行数据的存储设备。对弹用发动机,上位控制器既可以将发动机控制指令传送至发动机的 FADEC,还可以用于将发动机的当前工作状态信息传送给遥测信号发送装置,向地面或其他遥测信号接收装置发送发动机的当前工作状态信息。

如果飞机装有多台发动机,则协调各发动机的工作状态也是发动机控制器的一项重要控制内容。这就需要了解各发动机的工作状态与参数,并对发动机进行协调控制。此外,获取的各发动机的相关数据,也为某一发动机控制系统的故障分析、重构控制系统、变换控制规律等提供依据。

3. FADEC 的优越性

与航空发动机机械液压式控制系统相比较,航空发动机全权限数字式电子控制系统具有明显的优越性,具体如下:

① 由于数字式计算机计算能力和逻辑判断能力强、计算精度高,作为发动机控制器可以实现先进的多变量控制方法和复杂的控制模式与控制规律,从而使发动机控制系统各项性能指标得到很大的提高,使发动机性能潜力得到充分发挥。

② 数字式计算机的高速运算、高度综合和通信能力,使武器(火力)控制计算机、飞行控制计算机和推进系统控制计算机构成综合系统,实现武器/飞行/推进系统一体化控制,从而可大大提高飞机的性能、作战效能和生存能力。

③ 数字式控制器所实现的控制规律、控制模式和控制算法主要取决于控制软件,这就可以在不更换控制器硬件的情况下,通过调整控制软件来调整控制器的控制效能,满足系统的性能要求。根据发动机要求,需要改变控制模式或控制算法时,只需修正或更换控制软件即可实

现,这就使得发动机控制系统的调整变得简单、方便。

由于数字式电子控制器硬件的模块化,使硬件具有一定的通用性,因而根据不同类型发动机的控制要求改变控制软件即可拓展数字控制器的应用。

由此可以看出,采用数字式电子控制器可以大大缩短发动机控制系统的研制周期、降低研制费用和研制风险。

④ 在全权限数字式电子控制系统中,采用发动机状态监视、故障诊断及容错控制技术,可以使发动机控制系统的可靠性得到很大提高。

⑤ 利用数字式计算机对数据的存储能力,可以将发动机使用过程中的信息加以存储,通过对信息的分析,判断发动机性能变化,对发动机状态进行监视,并利用存储信息进行故障诊断,实现视情维修,从而降低维修成本。

⑥ 全权限数字式电子控制系统的高度智能化,可以大幅减小甚至取消对驾驶员的操纵约束,从而减轻驾驶员的操纵负担。

以上所介绍的发动机全权限数字式电子控制系统的优越性是机械液压式控制系统所不具备的,但数字电子式控制器的抗电磁干扰能力比机械液压式控制器差,并且在发动机使用过程中,各种条件变化很大,相关条件的组合可能导致控制失效,从而产生严重后果。虽然如此,由于数字式电子控制器的问题完全可以解决,因而使得全权限数字式电子控制系统近 20 多年来得到迅速发展和广泛应用。

5.4 辅助动力装置(APU)

APU

5.4.1 主要功能

辅助动力装置(Auxiliary Power Unit,APU)是指航空器上主动力装置(发动机)之外可独立输出压缩空气或供电的小型辅助动力装置。APU 一般是小型的燃气涡轮发动机(见图 5-63)。包括压缩空气引出装置、自动控制装置、附件齿轮箱和功率输出轴等组成。APU 通常安装在飞机的非增压部分,一般在飞机尾部。该部分通过防火墙与飞机的其他部分隔开。

飞机起飞前,APU 为航空器提供压缩空气,可用于航空器的空调系统供气或为主发动机启动机提供气源启动,也可在主发动机启动前为飞机电力系统输出电力,减少航空器对机场设备的依赖,在飞机起飞以后即停止工作。

在飞行中,当主发动机或其发电装置出现故障时,APU 可重新启动,能向航空器提供应急能源和气源,为发动机重启提供动力,提高飞行安全性;着陆时,也可为航空器提供能源。在大、中型飞机和大型直升机上均装有辅助动力装置。

综上,APU 既是保证发动机空中停车后再启动的主要装备,直接影响着飞行安全;又是飞机在地面时确保客舱舒适的必要保障,影响旅客对乘机机型的选择。因此,APU 成为飞机上不可或缺的一个重要系统。

有特殊航空器上的 APU 装置由于其各系统的

图 5-63 安装在飞机尾锥的 APU

特殊设计不供气只供电,如波音 787 系列。还有一些航空器由 APU 供电启动发动机,但仍保留气源系统,应用于以前一些装有小功率发动机的航空器,如国产运-7、运-8。

5.4.2　APU 结构

辅助动力装置的核心部分是一个小型的燃气涡轮发动机,大部分是专门设计的,也有一部分由涡桨发动机改装而成,一般装在机身最后段的尾锥之内(图 5 - 64),在机身上方垂尾附近开有进气口,排气直接由尾锥后端的排气口排出。发动机前端除正常压气机外装有一个工作压气机,它向机身前部的空调组件输送高温的压缩空气,以保证机舱的空调系统工作同时还带动一个发电机,可以向飞机电网送出 115 V 的三相电流。APU 有自己单独的电动启动机,由单独的电池供电,有独立的附加齿轮箱、润滑系统、冷却系统和防火装置。它的燃油来自飞机上总的燃油系统。

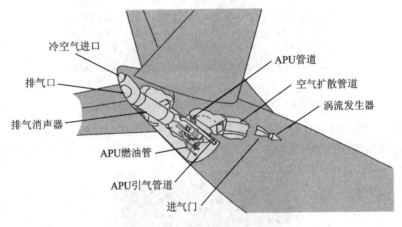

图 5 - 64　APU 结构

典型 APU 启动系统的主要部件包括 APU 控制电门、APU 控制组件、APU 启动机(旧称启动机)、APU 启动继电器、飞机电瓶、传递电瓶电源到 APU 启动马达的导线,如图 5 - 65 所示。控制开关位于驾驶舱,用于 APU 的启动准备、启动和关车。控制组件通常位于飞机的尾部,接收来自控制开关的启动信号并闭合继电器。启动继电器通常安装在飞机的电子设备舱内,控制飞机电瓶与启动机马达间导线的通断。启动机位于 APU 附件齿轮箱上,提供 APU 的启动动力。

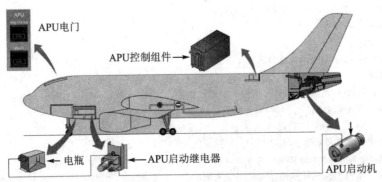

图 5 - 65　APU 启动系统组成

　　APU 是动力装置中一个完整的独立系统,但是在控制上它和整架飞机是一体的。它的控制板装在驾驶员上方仪表板上,它的启动程序、操纵、监控及空气输出都由电子控制组件协调,并显示到驾驶舱相关位置,如 EICA(发动机指示及机组警告系统)的屏幕上。

　　在驾驶舱有 APU 工作监控仪表,包括排气温度表、电流表以及各种指示灯,如指示滑油温度高或低、超转停车灯以及滑油量不足的维护灯等。波音 737 - 800 的 APU 指示系统如图 5 - 66 所示。

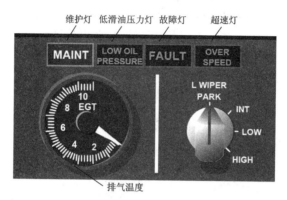

图 5 - 66　波音 737 - 800 的 APU 指示系统

　　新型 APU 工作控制采用电子控制组件(ECU)或 FADEC,功能可以从显示组件(CDU)查找相关数据,保护措施更充分,如图 5 - 67 所示。

显示内容:

❶APU 有效指示,APU 转速 N 大于 95％时显示绿色;

❷APU 空气泄放阀位置;

❸APU 引气压力,绿色;

❹APU 发电机在线指示,APU 发电机接触器闭合显示绿色;

❺APU 发电机参数;

❻燃油低压力指示,当 APU 燃油压力低于 16PSI 时显示琥珀色;

❼进气门打开指示,当 APU 进气门全开时(主选择开关为"ON")显示绿色;

❽APU 转速指示:默认显示绿色,当转速 N 大于 102％时,琥珀色;当转速 N 大于 105％时,红色;

❾APU 排气温度指示,默认显示绿色,在达到 675 ℃时绿色闪烁;当高于限制温度 758 ℃时,

　变成琥珀色;当高于最大保护转速 798 ℃时变成红色;

❿低滑油油位指示,当 APU 主选择开关为"ON"并且滑油油量低于设定量时,闪烁显示;当油量低于 2.6L 时,显示红色。

图 5 - 67　APU 监控指示(空客 A320 驾驶舱)

思考题

1. 简述涡喷发动机的主要部件功能。
2. 简述进气道的主要功能和类型。
3. 压气机的种类及各自的特点是什么？
4. 燃烧室内的气流是如何分配的？
5. 涡轮有几种类型？
6. 基本的排气系统由哪些结构组成？
7. 压气机防止喘振的方法有哪些？
8. 发动机的燃油系统包括哪些部件？
9. 发动机为什么需要启动机？发动机的启动过程是怎样的？
10. 航空发动机控制系统的任务是什么？
11. 什么是 FADEC？使用 FADEC 有什么优越性？
12. 什么是 APU？其主要功能是什么？

第 6 章

涡轮风扇发动机的原理与构造

6.1　涡轮风扇发动机

　　为了提高推进效率,增大推力,在涡轮喷气发动机的涡轮后面,加装一套涡轮,让燃气在后面涡轮中膨胀,驱动此涡轮高速旋转并发出一定功率,将此涡轮的前轴从原来的涡轮、压气机转子轴中穿过,带动一个直径比压气机大的风扇,就形成了涡轮风扇发动机,也称双路式涡轮喷气发动机或内外涵式涡轮喷气发动机。图 6-1 所示为庞巴迪(Bombrdier)等公司的公务机提供动力的霍尼韦尔(Honeywell)公司 HTF7000 系列涡扇发动机。

图 6-1　霍尼韦尔 HTF7000 系列涡扇发动机

　　涡扇发动机诞生于 20 世纪 50 年代,首先用于民用飞机,随后扩展到军用飞机。20 世纪60 年代出现涡扇化热潮,70～80 年代涡扇发动机的技术不断提高并被广泛应用,90 年代以后涡扇发动机高度发展,取代涡喷发动机成为军民用飞机的主动力和航空推进技术研究发展的主要方向。

　　世界上第一台涡轮风扇发动机是德国戴姆勒-奔驰研制的 DB670(或 109-007),于 1943年 4 月在实验台上达到 840 daN,但因技术困难及战争原因没能获得进一步发展。世界上第一种批量生产的涡扇发动机是 1959 年定型的英国康维,推力为 5 730 daN,用于 VC-10、DC-8 和波音 B707 客机。该型发动机的涵道比有 0.3 和 0.6 两种,耗油率比同时期的涡喷发动机低10%～20%。1960 年,美国在 JT3C 涡喷发动机的基础上改型研制成功 JT3D 涡扇发动机,推力超过 7 700 daN,涵道比为 1.4,用于波音 B707 和 DC-8 客机以及军用运输机。

　　此后,涡扇发动机向低涵道比的军用加力发动机和高涵道比的民用发动机两个方向发展。在低涵道比军用加力涡扇发动机方面,20 世纪 60 年代,英、美在民用涡扇发动机的基础上研制出斯贝-MK202 和 TF30,分别用于英国购买的"鬼怪"F-4M/K 战斗机和美国的 F111(后又用于 F-14 战斗机)。它们的推重比与同时期的涡喷发动机差不多,但中间耗油率低,使飞机航程大大增加。在 20 世纪七八十年代,各国研制出推重比 8 一级的涡扇发动机,如美国的 F100、F404、F110,西欧三国的 RB199,苏联的 RD-33 和 AL-31F。它们目前装备在一线的第三代战斗机上,如 F-15、F-16、F-18、"狂风"、米格-29 和苏-27。目前,推重比 10 一级的涡扇发动机已投入服役。它们包括美国的 F-22/F119、西欧的 EFA2000/EJ200 和法国的"阵风"/M88。其中,F-22/F119 具有第四代战斗机的代表性特征——超声速巡航、短距起落、超机动性和隐身能力。表 6-1 所列为国内外典型涡轮风扇发动机的性能参数。

　　20 世纪 70 年代第一代推力在 20 000 daN 以上的高涵道比(4~6)涡扇发动机的投入使用开创了大型宽体客机的新时代。后来,又发展出推力小于 20 000 daN 的不同推力级的高涵道比涡扇发动机,广泛用于各种干线和支线客机。10 000~15 000 daN 推力级的 CFM56 系列已生产 13 000 多台,并创造了机上寿命超过 30 000 h 的纪录。民用涡扇发动机投入使用以来,已使巡航耗油率降低一半,噪声下降 20 dB,CO、UHC、NO_x 分别减少 70%、90%、45%。20 世纪 90 年代中期装备波音 B777 的第二代高涵道比(6~9)涡扇发动机的推力超过35 000 daN。目前,GE 公司生产的全世界最大的航空发动机 GE9x 风扇直径达 3.4 m,涵道比为 9.9,推力超过 45 t。

表 6-1　国内外典型涡轮风扇发动机性能参数

型　号	加力推力/ (daN·kg^{-1})	推重比	涵道比	总增压比	质量/kg	涡前温度/℃	装机对象
F119-PW	15 568	11.7	0.2~0.3	32~27	1 360	1 649~1 760	F-22
F135-PW-400	19 130	10.5	0.57	28	1 460	1 577~1 677	F-35A/C
F100-PW-100	10 590	7.8	0.6	25	1 386	1 399	F15,F16
F404-GE-400	7 120	7.24	0.34	25	983	1 316	F/A-18,T-50
F414-GE-400	9 780	9.1	—	30	1 110	1 382	F/A-18E/F
WS-15(黄山)	16 186	8.86	0.382	28.71	1 862	1 477	J-20
WS-10(太行)	12 600	7.9	0.78	32	1 997	1 392	J-11,J-10B
AL-31F	12 258	7.14	0.6	23.8	1 750	1 392	J-10
RD-33	8 130	7.9	0.49	21	1 055	1 407	Mig-29,JF-17
WS-13(泰山)	8 637	7.8	0.382	26.25	1 130	1 377	JF-17/FC-1
WS-9(秦岭)	9 110	5.05	0.62	21.5	1 850	1 277	JH-7A
WS-11(峨眉)	—	4.69	2.2	8	320	933	JL-8,K-8
WS-18	—	4.75	2.42	20	2 668	1 122	H6K,Y-20
AI-25 TLK	—	4.9	1.98	9.6	400	957	K-8
AI-222-25F	4 118	7.1	0.61	18.6	600	1 227	L-15,Yak-130

型　号	加力推力/ (daN·kg⁻¹)	推重比	涵道比	总增压比	质量/kg	涡前 温度/℃	装机对象
TFE1 042-70	4 115	6.81	0.45	19.1	617	1 204	T-45 IDE
AE3 007H	—	4.1~5.6	5	18	719	994	RQ-4A 全球鹰
Trent900	—	5.46~6.11	7.7~8.5	39	6 246		Airbus A380
CFM56-7B18		3.7	5.5	32.8	2 366	1 213	Boeing737-600
D-30KP-2	—	4.53	2.2	19.45	2 650	1 083	H-6K,Tu154
JT8D		4.35	1.05	15.8	1 511	1 010	DC-9
PW300	—	5.27	4.24	24.1	522.1	920	Bae1 000
HTF7 000		4.77	4.4	28.2	687	928	Bombrdier 公务机

　　为了增大进入燃气涡轮发动机内部的空气流量,20世纪50年代初期用涡轮螺旋桨发动机代替了活塞式航空发动机,但是由于螺旋桨设计的原因,不适宜在高亚声速条件下飞行。为了提高飞机的飞行速度,20世纪50年代中期开始发展涡轮风扇发动机。

　　涡轮风扇发动机的外涵风扇处于飞机进气道内,避免了螺旋桨在高亚声速飞行时效率低的缺点,可以在跨声速或超声速飞行时工作,与涡轮喷气发动机相比,由于其将可用功分配给较多的空气,降低了尾喷管气流的喷射速度,提高了发动机的推进效率,增大了发动机的推力。目前它已取代涡轮喷气发动机和涡轮螺旋桨发动机成为高亚声速旅客机和运输机的主要动力装置。

　　将涡扇发动机的外涵空气与内涵涡轮后燃气相掺和,并进行加力燃烧,就成为加力涡轮风扇发动机。目前,加力涡轮风扇发动机已经用作超声速战斗机和超声速运输机的动力,图6-2所示为美国F-15战斗机带加力的动力装置F100-PW-229涡扇发动机。

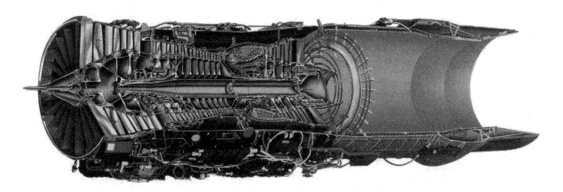

图6-2　带加力的F100-PW-229涡扇发动机

　　大涵道比的涡轮风扇发动机的排气速度低、推进效率高、经济性好,适用于大型远程旅客机和运输机。而一般战斗机用的加力涡轮风扇发动机的涵道比大多小于1.0,甚至在0.3以下。

　　按照内外涵气流排出的方式不同,涡轮风扇发动机可以分为混合排气发动机(见图6-2)和分开排气发动机(见图6-3)。混合排气涡扇发动机常用在低涵道比发动机上,两股气流由内部混合器充分混合后排出,有利于降低噪声。军用歼击机为了便于安装加力燃烧室,都使用小涵道比混排涡扇发动机,目前使用中的军用混排加力涡扇发动机的涵道比一般均低于1.0,约为0.2~0.4。在民用航空领域,随着涵道比的不断提高,不再采用混合排气方案,而采用分开排气涡扇发动机,它常用于高涵道比发动机上。

GEnx与GE90
发动机的对比

图 6-3　分开排气的 GEnx 涡扇发动机

6.2　涡扇发动机的基本工作原理

涡扇发动机的推力由两部分组成:内涵产生的推力和外涵产生的推力。对于高涵道比涡扇发动机,风扇产生的推力占到 78% 以上。涡扇发动机的工作是以质量附加原理为基础的。

作为热机,发动机获得一定的机械能之后,通过重新分配这部分可用能,将内涵涡轮转换的部分机械能通过涡轮驱动风扇的方式传递给外涵空气,则发动机的总空气流量增加,气体的速度增量减小,排气速度降低,从而提高了发动机的推进效率,降低了燃油消耗率。工质的质量越大,参与推进的质量越多,发动机的推力越大,这就是质量附加原理。

涡扇发动机为提高热效率而提高涡轮前燃气温度不会给推进效率带来不利的影响。因此,现在高亚声速旅客机和运输机用的涡轮风扇发动机出现了“三高”的趋势:高涡轮前燃气温度、高压气机设计增压比及高涵道比。

6.2.1　热力循环过程

涡扇发动机热力循环仍然可以总结为绝热压缩、等压加热、绝热膨胀、等压放热四个过程,但是结构的不同导致了过程发生的部件稍有不同。

分开排气涡扇发动机在外涵发生了绝热压缩和绝热膨胀过程,并不存在燃烧过程,而内涵气流热力过程与涡轮喷气发动机相同,热力过程如图 6-4 所示。

CFM56-7B发动机
工作过程

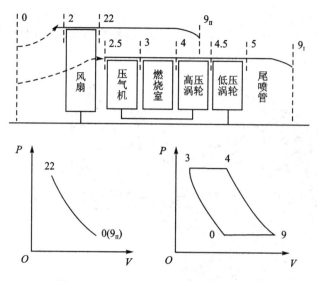

图 6 - 4　分开排气涡扇发动机热力循环

　　混合排气涡扇发动机在外涵发生了绝热压缩和等压加热过程,而其内涵气流与其他涡轮喷气发动机中的内涵气流类似,但在混合器发生了等压放热,在喷管中发生了绝热膨胀,其内外涵的热力过程如图 6 - 5 所示。

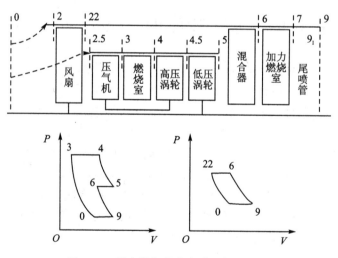

图 6 - 5　混合排气涡扇发动机热力循环

6.2.2　涡扇发动机推力计算

　　在涡扇发动机中,由高压涡轮出来的燃气先在低压涡轮中膨胀做功,然后再到尾喷管中膨胀加速,由于在低压涡轮中已将高压涡轮出来的燃气能量用掉很多,故相较于涡轮喷气发动机,由低压涡轮出来的燃气温度和速度大大降低了,因而由内涵道中流过的气体所产生的推力也就会低一些。

　　涡扇发动机内涵燃气发生器的可用功一部分传给外涵风扇,余下的部分用来增加内涵尾喷管中燃气的动能。传给外涵的可用功 W_2 与全部可用功 W 之比称为涡轮风扇发动机的功分配系数,用 x 来表示。

　　流过外涵道的空气,在风扇的作用下受到压缩,压强会提高,在尾喷管中膨胀加速,并以一定的速度流出喷口,因此外涵道的空气也会产生一定的推力。内涵和外涵两股气流产生的推力之和即为涡轮风扇发动机的推力,它大于涡轮喷气发动机的推力。

　　分开排气涡轮风扇发动机内涵气流在其尾喷管内膨胀,以速度 V_{91} 喷出,其内涵的单位推力为

$$F_{s1} = V_{91} - V_0 \tag{6-1}$$

外涵气流在其尾喷管内膨胀,以速度 V_{92} 喷出,其内涵的单位推力为

$$F_{s2} = V_{92} - V_0 \tag{6-2}$$

发动机的总推力为

$$F_s = q_{ma1} F_{s1} + q_{ma2} F_{s2} \tag{6-3}$$

混合排气涡轮风扇发动机的推力计算方法与涡轮喷气发动机类似。

6.3　涡扇发动机的构造

GEnx发动机
风扇叶片

GEnx发动机
涡轮

　　由图 6-1 可以看出,涡轮风扇发动机由风扇、压气机、燃烧室、涡轮和排气系统组成。除了风扇和混合器,其他部件的结构与涡轮喷气发动机几乎相同,但由于工作环境不同,材料、加工工艺和制造方法稍有不同。

6.3.1　风　扇

　　风扇转子实际上是直径较大、叶片较长的压气机,它的轮毂比小,叶片的展弦比大,设计和制造风扇叶片都有相当高的难度。现有的风扇叶片一般都带有阻尼凸台,其作用是为了减振,但它却使气动效率降低了 $1\% \sim 2\%$,因此,现代发动机用宽弦叶片来替代这种结构,如图 6-6 所示。宽弦叶片可以达到同样的减振效果,但其叶片的弦长增加了 40% 左右,为减轻质量,采用了在蒙皮中加入蜂窝骨架的结构。

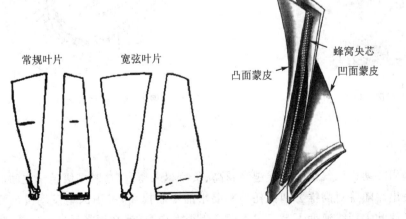

GEnx发动机
压气机

Trent发动机
展示

图 6-6　宽弦叶片

在民用涡扇发动机设计过程中,由于追求低耗油率指标,导致涵道比越来越大,因此风扇直径也越来越大,如有的发动机风扇直径已达 3.4 m。同时,为满足日益严格的国际民航适航条例的要求,风扇叶尖切线速度受到限制,以降低航空发动机风扇气动噪声。因此,高性能低噪声风扇的设计技术对于大涵道比发动机显得非常重要。

英国罗·罗公司曾经利用三维气动力学分析软件设计了一个直径为 2.79 m 的掠形叶片风扇,如图 6-7 所示。该叶片前缘呈短弯刀形,使进入发动机的气流沿叶片展向平稳地减速,而不是突然减速。即使叶尖在超声速条件下工作,激波也是斜激波,从而提高了叶片效率。另外,该掠形叶片采用超塑成形/扩散焊接的低展弦比空心结构,大大减小了质量,增强了风扇的抗鸟撞能力,与不掠风扇比,该掠形风扇能使空气流量提高 10%,叶片进口马赫数降低 10%,抗鸟撞能力增强 10%,巡航效率也有所提高。

整体叶盘结构是提高发动机部件效率的新型结构,即将叶片和风扇盘用一定的焊接方法连接成一体,省去常规风扇盘连接的榫齿和榫槽,大大简化了结构和质量(见图 6-8),从而有利于提高发动机工作效率,可靠性得以进一步提升。这种技术已经在先进军用发动机(如F119 和 EJ200)的三级风扇、高压压气机的整体叶盘转子得到了验证。整体叶盘结构主要用于风扇及高压压气机部分。制造整体叶盘用的材料主要有钛合金和镍基合金。钛合金材料主要用于风扇及高压压气机的前几级盘,而高压压气机后几级盘则多采用镍基高温合金。

图 6-7   掠形风扇叶片

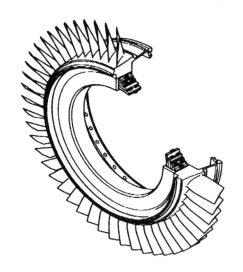

图 6-8   整体叶盘

6.3.2   齿轮传动

先进大涵道比涡扇发动机压气机的压比越来越高、负荷越来越重,这时多级转子之间的匹配问题就显得更为突出。随着对高推力和低耗油率要求的不断提高,民用涡扇发动机的涵道比会越来越大。为了使叶尖切线速度不至于过大而产生很大噪声,就必须降低风扇的转速,但是风扇转速的降低与保持低压系统的效率相矛盾,一种是采取折中的解决方法,适当降低转速;另一种解决办法就是采用齿轮驱动涡扇发动机。

　　齿轮传动涡扇发动机利用齿轮减速器确保风扇、增压压气机和低压涡轮工作于各自的最佳转速下,从而达到发动机最优化设计的目的。20 世纪 80 年代末,P&W 公司、菲亚特航空和 MTU 等公司开始联合研制齿轮驱动涡扇发动机,并将一些先进技术成功运用到其合作研发的 PW1000 发动机(见图 6-9),它的噪声不但可满足苛刻的要求,而且留有 30 dB 的裕度。

普·惠公司GTF
齿轮传动发动机展示

图 6-9　齿轮驱动涡扇发动机及其变速箱

　　齿轮驱动涡扇发动机就是在风扇和低压压气机之间引入一个减速齿轮箱,这样就可以根据风扇压比来选择最低的风扇转速,大大降低风扇的噪声;同时低压系统的转速可以按要求尽量高,以减小低压系统级数,减轻发动机的质量。这样一来,齿轮驱动涡扇发动机的各部件都可以在最佳转速下工作,在保持高效率和低耗油率的前提下,使得噪声大幅度降低。

6.3.3　对转涡轮

　　高压涡轮是核心机关键部件之一,为得到更高的性能,其热负荷和机械负荷不断提高。目前,大涵道比涡扇发动机的涡轮前温度已达到 1 800 K,转速已超过 15 000 r/min,并且为了燃气在很短的距离内膨胀做功,高压涡轮还处于强压力梯度和强温度梯度中。在如此恶劣的环境下,其寿命还要达到 10 000~20 000 h,这就对高压涡轮的设计提出很大挑战。

　　高负荷、高性能涡轮的设计不但涉及涡轮内部流动的三维组织(如复杂波系的组织等),而且必须对主流与封严气流、冷却气流等的相互作用进行综合考虑,必要时要结合流动控制技术,因此高负荷、高效率的涡轮设计与全三维设计技术是分不开的,其中对转涡轮设计是最具代表性的先进技术,它使得涡轮负荷大幅度高,涡轮质量明显减轻。

　　对转涡轮应用在民用大涵道比涡扇发动机中,可以提高涡轮部件的效率,并可减少级数或叶片数目,同时对高低压涡轮间的大扩张角过渡段的流动有利。对转涡轮还可以改善陀螺力矩效应和转子振动特性。美国 1978 年开始的 E3 计划中,P&W 公司就提出了一级高压涡轮和四级低压涡轮的对转涡轮方案，使低压涡轮第一级导叶转折角从常规的100°减小至13°，大幅减少了低压涡轮中的流动损失。对转涡轮由于性能优良及设计技术日益完善，目前已经越来越多地应用于民用大涵道比涡扇发动机中。GE公司在GE90-115B和GEnx应用了对转涡轮技术（见图6-10），其中GEnx其涡轮设计采用了2级高压涡轮和7级低压涡轮对转的方案，涡轮叶片数目与GE90相比减少了15%~30%，制造成本和维护成本大大降低。

6.3.4 混合器

混合排气涡轮风扇发动机在排出气体之前，需要将内外涵气体在混合器（见图6-11）中掺混。实践表明，在同样的内涵输出能量和相同的涵道比的情况下，混合式和非混合式涡轮风扇发动机的性能是有差别的，采用混合式排气提高了风扇效率和推进效率，发动机推力稍有增加，降低了单位燃油消耗率、排气速度和噪声。

图6-10　GEnx对转涡轮

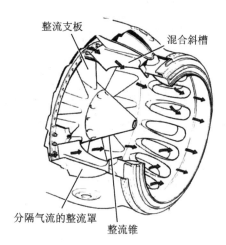

图6-11　混合排气喷管

6.4　涡扇发动机稳态特性

涡扇发动机稳态特性包括速度特性、高度特性和节流特性。下面主要以不同类型发动机性能参数的变化规律介绍燃气涡轮发动机的速度、高度和节流特性。

6.4.1 速度特性

在给定的油门杆位置、飞行高度、大气条件和调节规律下，推力和耗油率等参数随飞行马赫数的变化关系称为发动机速度特性。典型的涡喷发动机、小涵道比涡扇发动机、大涵道比涡扇发动机速度特性如图6-12所示。

当飞行马赫数增加时，从进气道进入的空气流量增加，这会引起推力的增加；但是飞行速度增加(V_9-V_0)将减小，会引起推力降低。涡喷发动机和小涵道比涡扇发动机的排气速度高，低马赫数时流量增加占主导地位，因此随飞行速度增加，推力增加；高马赫数时(V_9-V_0)减小的趋势占主导，发动机推力下降。高涵道涡扇发动机低速时推力大，但随着飞行速度的增加，(V_9-V_0)减小的趋势大大超过发动机空气流量增加的趋势，因此高涵道涡扇发动机推力

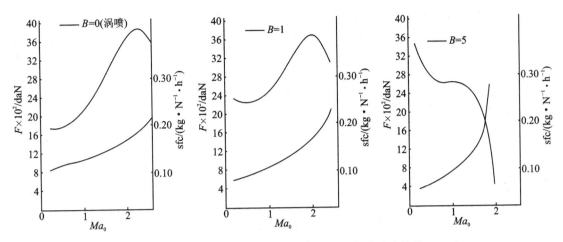

图 6 - 12 涡喷(涵道比 $B=0$)、涡扇发动机的速度特性

随飞行速度的增加而降低。

　　此外,飞行速度增加,气流经过进气道减速增压后温度提高,高温气体难于压缩,会造成发动机部件效率和整机热效率下降,因此随马赫数增加,各种发动机的耗油率均增加。

　　对于民航客机的大涵道比涡扇发动机,可以用一句通俗的话来概括——"飞得越快,发动机的劲越小,越费油。"

6.4.2 油门特性

　　图 6 - 13 所示为涵道比 $B=1$ 的双轴分开排气涡轮风扇发动机在地面静止条件下工作时的转速特性。大体上看,涡轮风扇发动机和涡轮喷气发动机的转速特性是相类似的。但是涡

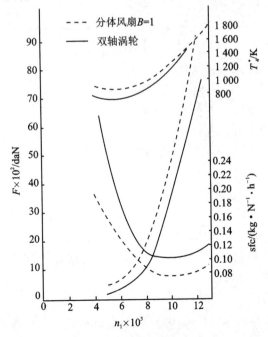

图 6 - 13 分开排气涡轮风扇发动机的转速特性

轮风扇发动机与具有相同燃气发生器的涡轮喷气发动机相比,推力大、耗油率低。

对于双轴涡轮风扇发动机,当发动机转速降低时,尾喷管很容易进入亚临界状态工作,尾喷管内燃气的压力和温度都比涡喷发动机低。

6.5 航空涡轮发动机试验

航空发动机研制的实践表明,新型航空发动机的研制以及现役发动机的改进、改型都离不开试验。航空涡轮发动机内部复杂的气动、热力、结构和控制现象,决定了其研究是一个设计、制造、试验、失败和修改设计的反复迭代过程。

6.5.1 试验的目的和分类

研制一台航空涡轮发动机需要 10～20 台,个别达到 50～60 台发动机进行 10 000～20 000 h 的整机地面试验(含 2 000～4 000 h 地面模拟高空试验)和 4 000～5 000 h 的飞行试验,以及 40 000～100 000 h 的零部件试验。国外部分发动机试验数据见表 6-2。

表 6-2 航空发动机试验统计数据

国　别	发动机型号	装备飞机	地面试验台数	飞行试验台数	试验机总台数	地面试验时数/h	飞行试验时数/h	总试验时数/h
美　国	F100	F15/16	27	87	114	12 000	5 750	～18 000
	F101	B-1	28	27	55	11 000	11 000	22 000
英　国	F404	F/A-18	5	34	～40	14 000	5 000	19 000
	RB199	狂风	16	35	51	14 500	6 500	21 000
俄罗斯	AΠ-31Φ	苏-27	49	8	57	14 425	6 275	20 700

航空涡轮发动机试验的种类很多,试验目的(目标)主要有以下几方面:
① 验证所提出的新概念、新技术是否可行;
② 考核所设计的零部件是否达到设计要求;
③ 通过试验修正、调整设计中选用的参数,使产品最终调整到达到设计要求;
④ 暴露问题,对原设计不合适之处进行修改,使其最终达到可工作的状态;
⑤ 排除故障时,通过试验,验证所采取的排故措施是否合适;
⑥ 积累试验数据,掌握设计经验,验证计算程序;
⑦ 发展新的试验技术、试验方法和测试手段,为设计人员提供更多、更详细、更有用的数据;
⑧ 考核发动机的可靠性、耐久性,包括强度、疲劳、极限工况等。

航空涡轮发动机试验按最终目的可以分为科学研究试验、型号研制试验和批生产发动机试验。

(1)科学研究试验的目的
① 研究发动机、部件和各系统的通用特性,探索新发动机方案和关键技术;
② 积累资料,寻找通用计算机关系式和经验关系式,供设计用;
③ 发展测试系统自动化,寻找更完善的测试方法。

（2）型号研制试验包括调整试验和定型试验

① 调整试验在研制过程中对发动机进行试验、验证和分析,旨在改进发动机工作过程和调节系统以达到所要求的参数,检查发动机元件、结构、材料和工艺以保证发动机的强度和可靠性,修正在不同环境条件下发动机的强度和可靠性,修正在不同环境条件下发动机的使用特性。

② 定型试验在提交定型的发动机和部件上进行的试验总和,以验证本型号发动机用于生产和使用的适用性。试验项目在发动机通用规范和型号规范中有详细规定。

（3）批生产发动机试验

批生产发动机试验是对按工厂现行的目录、图样和技术条件批量生产的发动机所进行的各类试验,包括工厂试车、附加试车、检验试车和各种长期试车。

在研究试验中按不同技术指标可分为性能试验、适用性试验、耐久性试验和环境试验。

① 性能试验是在设计条件下测量发动机的推力和耗油率等性能指标,以及空气流量、压力、温度和各部件的性能,这些参数对飞机的航程、有效载荷和机动性有直接影响。

② 适用性试验是测定发动机工作特性对油门杆和进气流场条件变化的响应,这种响应特性对发动机和飞机的工作稳定性、加速性、操控性、机动性和安全性有很大影响,其重点是进气道－发动机－喷管匹配。

③ 耐久性试验包括诸如低循环疲劳寿命、应力断裂或蠕变寿命、抗外来物破坏和包容能力等机械结构强度试验,它们决定着发动机和飞机的可靠性、耐久性、维修性、安全性和成本。

④ 环境试验是检验发动机和环境之间互相影响的试验,包括:恶劣大气条件试验(高低温、潮湿、霉菌、电磁、核辐射)、吞咽试验(风、烟、鸟、冰、水、沙、尘、机械硬件)、噪声试验、排气发散实验和特征信号试验(红外信号和雷达横截面),它们影响发动机和飞机可靠性、安全性、隐身性和环保性。

如果以研究设备和研究对象为标准,还可以将航空发动机试验简单分为五大类:

① 零部件试验;

② 整机地面试验;

③ 整机高空模拟试验;

④ 环境与吞咽试验;

⑤ 飞行试验。

6.5.2　航空涡轮发动机试验技术体系

在航空涡轮发动机试验技术体系中,除上述在地面进行的试验和环境试验外,还包括飞行试验,如图 6-14 所示。

6.5.3　零部件试验

1. 进气道试验

采用风洞试验研究飞行器进气道性能。一般先进行小缩比尺寸模型的风洞试验,主要验证和修改初步设计的进气道静特性。然后还须在较大的风洞上进行 1/6 或 1/5 的缩尺模型试验,验证进气道全部设计要求。进气道与发动机是共同工作的,在不同状态下都要求进气道与发动机的流量匹配和流场匹配相容性要好。实现相容目前主要依靠进气道与发动机联合试验。

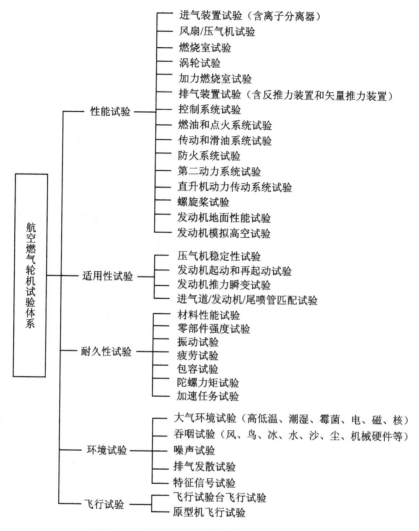

图 6-14　航空燃气涡轮发动机试验技术体系

2. 压气机/风扇试验

风扇/压气机试验包括叶栅吹风、缩尺或大尺寸低速模型和全尺寸实物试验。在全尺寸实物试验中又有单转子单级、单转子多级、单转子双涵和双转子双涵几种形式。随着压气机性能的不断提高,出现进口加温加压的压气机试验台。随着涡扇发动机的出现,全尺寸双转子双涵风扇/压气机试验必不可少。

压气机是发动机研制中最困难的部件之一。据 20 世纪 70 年代的统计,多数发动机研制要经历 2~8 次压气机重新设计,而每一次重新设计要花费 1 000 万美元。在这种因素的驱使下,美国空军在 1972 年决定在航空推进实验室建设国家级的压气机研究设备(CRF),来研究全尺寸多级风扇和压气机的稳态和瞬态特性。该设备于 1984 年建成。设备的总功率达 22 370 kW,转速 30 000 r/min,有 640 条数据采集通道,采集频率为 100 000 Hz,可试压气机增压比达 40。它对压气机设计技术的发展起了重要作用。

压气机性能试验主要是在不同的转速下测取压气机特性参数(空气流量、增压比、效率和

端振点等),以便验证设计、计算是否正确、合理,找出不足之处,便于修改、完善设计。压气机试验可分为以下几种:

①　压气机模型试验:用满足几何相似的缩小或放大的压气机模型件,在压气机试验台上按任务要求进行的试验。

②　全尺寸压气机试验:用全尺寸的压气机试验件在压气机试验台上测取压气机特性,确定稳定工作边界,研究流动损失及检查压气机调节系统可靠性等所进行的试验。

③　在发动机上进行的全尺寸压气机试验:在发动机上试验压气机,主要包括部件间的匹配和进行一些特种试验,如侧风试验、叶片应力测量试验及压气机防喘系统试验等。

典型的压气机试验器见图 6 - 15。

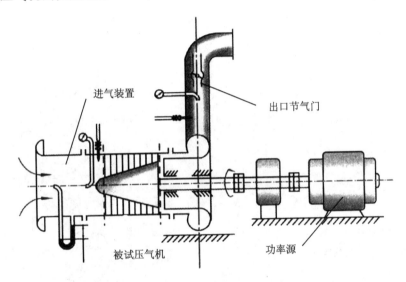

图 6 - 15　压气机试验器示意图

3. 平面叶栅试验

平面叶栅试验又称二元叶栅试验,其试验装置示意图见图 6 - 16。在平面叶栅风洞试验器上对不同叶型和不同叶型参数的叶栅试验件进行吹风,测取叶栅特性。主要试验目的有两个:一是了解叶栅性能,二是为平面叶栅流场计算程序提供验证数据。平面叶栅试验分压气机平面叶栅试验和涡轮平面叶栅试验。由于用理论方法求解二元叶栅流场的复杂性,在 20 世纪30 年代就已开展了平面叶栅试验。最初叶栅试验技术不够完善,因而得不到真实的二元流动和正确的试验结果。20 世纪 50 年代初期,NACA(美国国家航空航天局的前身)采用了有效的风洞边界层控制技术,大大推动了对叶栅的研究进展,使试验结果具有实际的使用意义。平面叶栅试验主要解决二元叶栅中的叶型绕流和叶型性能问题,它不能反映实际环形通道中流场沿展向的变化,更不能反映叶轮旋转所涉及的特有的流动问题。这些是平面叶栅试验的局限性。

4. 燃烧室试验

燃烧室试验是指用来模拟发动机燃烧室的进口气流条件(压力、温度、流量)所进行的各种试验。主要试验内容有燃烧效率、流体阻力、稳定工作范围、加速性、出口温度分布、火焰筒壁温与寿命、喷嘴积炭、排气污染、点火范围等。全尺寸燃烧室试验段示意图如图 6 - 17 所示。

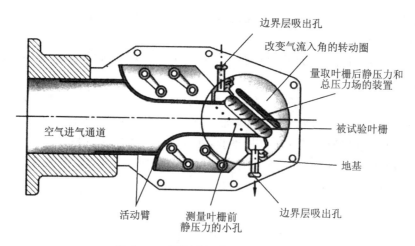

图 6-16　平面叶栅试验装置示意图

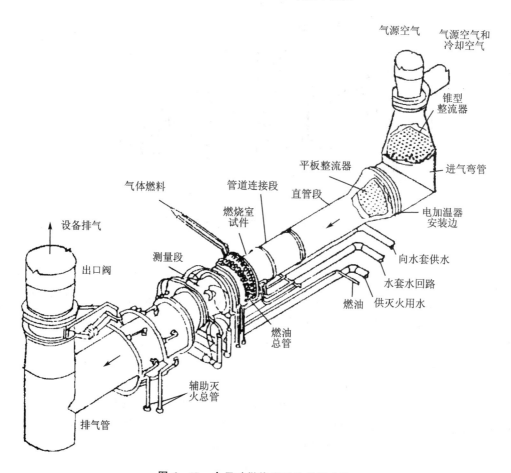

图 6-17　全尺寸燃烧室试验段示意图

　　由于燃烧室中发生的物理化学过程十分复杂,目前还没有一套精确的设计计算方法,因此燃烧室的研制和发展主要靠大量试验和经验完成。燃烧室有水流模拟,扇形燃烧段,全环形燃烧室、点火、燃油喷嘴、壁温和燃气分析等项试验。全环形燃烧室试验又可分为低压(低于大气压)和高压(进口压力大于 1.5 MPa)燃烧试验。低压燃烧试验需要设置引射器以造成低压条件。高压燃烧试验需要间接加热器以提高清洁的高温空气的温度。高压试验器复杂,用气量大,费用高昂。可以利用燃烧模化准则进行降压实验,并同扇形燃烧段试验配合进行。

5. 涡轮试验

涡轮试验包括模型涡轮、全尺寸涡轮、高温涡轮、涡轮叶片冷却效果和涡轮叶片热疲劳试验。由于全尺寸高温涡轮试验设备的规模和投资很大,且技术难度高,涡轮试验一般不模拟涡轮进口压力、温度,试验时,涡轮进口的温度和压力较实际使用条件低得多。因而,通常都只进行气动模拟试验,即进行涡轮气动性能的验证试验和试验研究。与涡轮试验有关的试验还有高温涡轮试验、涡轮叶片冷却效果试验。涡轮试验之后就进行型号的核心机或发动机试验。

6. 加力燃烧室试验

加力燃烧室试验即研究加力燃烧室燃烧效率、流体损失、点火、稳定燃烧范围是否满足设计要求以及结构强度、操纵系统与调节器联合工作等性能的试验。按设备条件可分为全尺寸加力燃烧室地面试验、模拟高空试车台和飞行台的加力试验。全尺寸加力燃烧室地面试验一般选用成熟合适的发动机作主机,以改型或新设计的全尺寸加力燃烧室作试验件,进行地面台架状态或模拟状态试验,目的是确定加力燃烧室的性能及结构强度,为整机试验创造条件,缩短整机研制周期,在性能调整试验基本合格后再与原型机联试。加力燃烧室高空性能(如高空的推力、耗油率、飞行包线内点火和稳定燃烧)的试验应在高空模拟试车台和飞行台上进行。

7. 尾喷管试验

尾喷管试验分别用全尺寸或缩尺模型,模拟各种工作状态进行吹风试验,测取性能参数,考核是否达到设计要求。包括喷管内流性能和外流干扰试验、反推力试验和推力矢量试验。第四代发动机装备推力矢量喷管需要专门的带矢量喷管发动机试车台。这种试车台装备用六分量天平,测三个方向的推力和三个方向的力矩,测定推力矢量速率,并且还要设计适应推力矢量的排气装置。

此外,还有控制系统试验、附件试验、强度试验等。强度试验包括叶片振动疲劳试验、叶片包容试验、涡轮叶片热冲击模拟试验、发动机超速试验、发动机超温试验、发动机低循环疲劳试验、外物吞咽试验、轮盘超转破裂试验等。

6.5.4　整机地面试验

整机地面试验一般在专用的发动机地面试车台上进行,包括露天试车台和室内试车台两类(见图 6-18),其中露天试车台又包括高架试车台和平面试车台。发动机地面室内试车台由试车间、操纵间、测力台架和试车台系统等组成。

室内试车台的进气系统和排气系统往往都装有消声装置。设置消声装置增加了气体的流动阻力,使得发动机进口处的气体总压略低于周围大气压力,而发动机尾喷管外的静压略高于周围大气压力。如果消声装置的流动阻力造成的压差损失很小,而发动机的试车数据要求不是十分精确的话,那么消声装置的流阻给发动机性能带来的影响可以略去不计。如果发动机的试车数据要求比较精确,那么就应该利用标准的露天试车台对地面试车台进排气系统的流动阻力来修正其给发动机性能(主要是推力参数)带来的影响。发动机在野外试车台试车时装有地面试车专用的进气损失很小的喇叭形进气道。这时,可以认为压气机进口总压与周围大气压力相等,尾喷管出口处的静压也与周围大气压力相等。

图 6 - 18   露天试车台和室内试车台

　　试车间包括进气系统、排气系统和固定发动机的台架。对于喷气发动机、涡轮风扇发动机,台架应包括测力系统;对于涡轮轴和涡轮螺旋桨发动机,台架则应包括测扭(测功)系统。试车间内要求气流速度不大于 10 m/s,以免影响推力的测量精度;进排气部分力求做到表面光滑,气流流过时流动损失尽量小。高架露天试车台与地面室内试车台相比,除了没有试车间外,其他设备(如操纵间、测力台架、试车台系统等)均一应俱全。

6.5.5　整机高空模拟试验

　　高空模拟试验是指在地面高空飞行试验设备上模拟飞行状态(飞行高度、飞行马赫数)和飞行姿态(飞机迎角、侧滑角)对推进系统进行的稳态和瞬态试验。实际上,就是在地面人工创造一个与飞行状态相当的环境(气流的压力,温度和方向),把发动机装在里面试验。

　　模拟高空试验的目的如下:

> 鉴定推进系统在整个飞行包线内(必要时可超出飞行包线)的性能、功能、稳定性、可靠性、结构完整性以及环境条件适应性;

> 研究整个推进系统的使用故障。

　　按模拟程度的不同,可分为直接连接式、自由射流式、推进风洞试验,分别介绍如下:

　　① 直接连接式试验发动机进口与设备供气管道连接,可以进行模拟飞行条件下风扇/压气机进口截面到尾喷管排气截面的整个发动机内部气动热力过程的试验。设备所提供的空气流量应为发动机流量的 1.3~1.5 倍。

　　② 自由射流式试验带进气道的发动机置于设备提供的模拟飞行状态的气流中,可以进行模拟飞行条件下进气道与发动机内部气动热力过程的试验。设备所提供的空气流量应为发动机流量的 2~3 倍。

　　③ 推进风洞试验将整个推进系统置于大型风洞内,可以进行模拟整个推进系统甚至包括推进系统附近的部分机体在飞机条件下内部和外部的流动状态的试验。设备所提供的空气流量应为发动机流量的 8~10 倍。试验段的尺寸非常大,最大的超跨声速推进风洞的试验段尺寸为 4.9 m×4.9 m。

　　原则上,高空试车台上应具有超声速风洞,为发动机进口提供超声速气流。这股超声速气流的马赫数等于飞机的飞行速度,超声速气流的静压和静温应符合所要模拟高度的情况。由于发动机的空气流量很大,故这种具有大流量超声速风洞的高空试车台需要耗费特别大的功率。为节省设备的功率,可以把发动机与超声速进气道分别进行试验。对于发动机,只要模拟高空情况下压气机进口的总压和总温以及尾喷管出口处的静压反压 p_0 就可以了。对于超声速进气道可以进行缩小尺寸的模型试验。这样就可以避免在高空试车台上建立大流量超声速风洞。高空试车台示意图如图 6-19 所示。

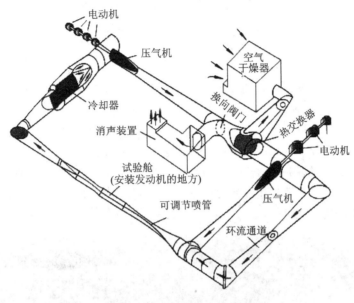

图 6-19　高空试车台示意图

6.5.6　环境与吞咽试验

　　环境试验是检验发动机及其附件在不同环境推进下的工作适应性，以及环境对发动机影响的试验，它包括恶劣大气条件试验(高低温、潮湿、霉菌、电磁、核辐射)、吞咽试验(风、烟、鸟、冰、水、沙、尘、机械硬件)、噪声试验、排气发散试验和特征信号试验(红外信号和雷达反射横截面)。环境试验可以在地面设备、模拟高空试车台或专门的户外试验设备上进行，如图 6-20 所示。

GE9x防冰试验

发动机试验

图 6-20　GEnx 发动机通过每秒摄入 1 270 kg 的水、气和冰混合物，模拟高海拔的冷冻条件

　　为保证发动机数字电子控制系统的可靠工作，通常要进行试验台试验、发动机联合试验和

飞行试验。由于发动机联合试验和飞行试验的费用大、周期长，因而将控制系统放在模拟飞行条件的环境可靠性联合试验设备中试验是更合理的方法。在设备中，可以模拟飞行高度、湿度、环境温度、冷却介质温度和振动/冲击等条件，而且这些条件可以以一定的速率变化。通过几万小时的试验，可以大大缩短控制系统达到成熟的时间。

6.5.7　飞行试验

飞行试验是为验证发动机装到飞机上时发动机及其各系统和附件的性能特性、工作质量和工作可靠性，或为完成预定研究目的而在实际飞行环境中进行的飞行试验。飞行试验是在飞行试验台或原型机上进行的。飞行试验台由多发动机的飞机改装而来，如图 6 - 21 所示。图中分别是一架轰六轰炸机和一架伊尔-76 改装的飞行试验台，轰六飞行试验台是在机腹挂载发动机试验吊舱，伊尔-76 飞行试验台则将被试发动机（左内侧）替换原装 4 台发动机中的一台。飞行试验的优点是设备建设经费较低，使用条件真实，其缺点是飞行包线有限，一次测试的参数不能多，试验周期长。

图 6 - 21　中国试飞研究院所用的两种发动机飞行试验台

飞行试验台试验与地面模拟高空试验台试验不是相互取代的，而是互补的。随着实验设备和测试技术及地面模拟高空试验技术的不断完善，第三代战斗机的发动机可不经飞行试验台而直接上原型机试飞。

飞行试验台试验的主要内容如下：
① 试验发动机的风车状态和空中再启动；
② 检验发动机控制系统的工作；
③ 录取一定范围的高度速度特性；
④ 试验发动机的过渡状态性能；
⑤ 确定各种飞行状态下的发动机加力稳定工作范围；
⑥ 进行武器发射排烟的吸入试验；
⑦ 防冰试验；
⑧ 姿态试验；

GE9x发动机
飞行试验

⑨ 进气道/发动机匹配试验等。

原型机试飞是把发动机装在与之相配的飞机上进行飞行试验,可以验证发动机的使用性能、检查进气道/发动机匹配、武器发射对发动机性能的影响和发动机空中启动性能等。

由于飞行试验的真实性,故推进系统飞行试验一直是推进系统研制、验证和定型的最终依据。

喷气发动机地面试车和飞行试验是在不同的周围大气条件下进行的。使利用高空试车台进行模拟试验,发动机进口的压力和温度范围亦可能受设备能力的限制。为了把发动机试验数据换算到标准大气条件下或者换算到其他的飞行状态,需要利用相似理论。

习　题

1. 当某涡喷发动机的速度为 936 km/h 时,尾喷管中的燃气完全膨胀,尾喷管出口燃气速度为 610 m/s。忽略燃油流量,求通过该发动机每千克空气的可用功、推进功和排气动能损失,以及发动机的推进效率。

2. 将上题中的涡轮喷气发动机加装外涵道后改为涵道比为 1 的涡轮风扇发动机,其飞行速度和燃气发生器的可用功相同,忽略能量传递过程中的各种损失,可用功均匀分配给内外涵气流,求该发动机的推进功和排气动能损失,以及发动机的推进效率。最后与上题对比,分析燃气发生器可用功相同的情况下,涡喷与涡扇发动机计算结果不同的原因。

思考题

1. 为什么要使用涡轮风扇发动机? 涡轮风扇发动机与涡轮喷气发动机在结构上有哪些不同?

2. 试以质量附加原理解释涡扇发动机经济性比涡喷发动机好的原因。

3. 简述齿轮传动和对转涡轮的优势。

4. 简述涡扇发动机的速度特性和油门特性。

5. 简述航空涡轮发动机的试验目的和分类。

6. 简述飞行试验与地面模拟高空试验台试验的联系与区别。

第 7 章

涡轮螺旋桨发动机与涡轮轴发动机

7.1 涡桨与涡轴发动机概述

与涡喷、涡扇以喷气产生推力不同,涡轮螺旋桨发动机和涡轮轴发动机主要利用螺旋桨和旋翼产生动力,是间接产生动力的发动机。

图 7-1 和图 7-2 给出了涡桨发动机和涡轴发动机的应用实例,涡桨可以看作涵道比接近 20 的涡扇发动机,涡轴发动机当量的涵道比更大。因此,两种发动机的低速推力相对涡喷、涡扇发动机更大,短程运输机采用涡桨发动机的经济性也更好。

图 7-1　使用涡桨发动机的短程客机新舟 60

图 7-2　使用涡轴发动机的直升机(直-20)

以上两种发动机高速飞行性能相对大涵道比涡扇发动机都要弱,其根本原因在于发动机使用了螺旋桨或旋翼作为动力产生装置。

螺旋桨是以增速为主要做功形式的开式转子机械,大涵道比涡扇发动机所用的风扇是涵道式的闭式转子。涵道风扇对空气的做功包含增速和增压两种方式,加上发动机前部有进气道对来流的减速增压作用,高速条件下涵道风扇始终可以工作在合适的速度范围。开式转子高速条件下将机械能转化为排气动能的效率低于闭式涵道风扇,此外螺旋桨转速过高叶尖气流还容易分离或产生激波,大大降低效率。因此,涡桨发动机和涡轴发动机均不适合高速飞行。

7.2 涡轮螺旋桨发动机

7.2.1 涡轮螺旋桨发动机工作原理

在燃气发生器后面加装一级(或多级)涡轮,燃气在这一级涡轮(一般称为动力涡轮或低压涡轮)中膨胀做功,驱动该级涡轮高速旋转并发出一定功率,动力涡轮的前轴(又称动力轴)穿过核心机转子,通过压气机前的减速器驱动螺旋桨,就组成了涡轮螺旋桨发动机(见图 7-3)。这部分从高温燃气获得的能量是压气机及其附件所需能量之外的额外能量,用于驱动螺旋桨转动。

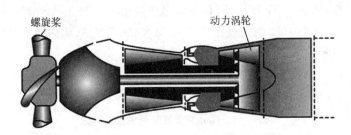

图 7-3 涡轮螺旋桨发动机

涡轮螺旋桨发动机将燃气发生器产生的大部分可用功通过涡轮、减速器和空气螺旋桨传给通过螺旋桨的大量空气,使螺旋桨产生拉力。其余一小部分可用功以燃气动能的形式从尾喷管喷出,产生反作用推力。

涡轮螺旋桨作为动力的飞机推进原理与活塞动力飞机都是以螺旋桨旋转时所产生的力作为飞机前进的推进力,但是涡桨发动机驱动螺旋桨的动力来自燃气涡轮发动机,并且其螺旋桨通常以恒定的速率运转,而活塞式发动机的螺旋桨转速是变化的。

涡轮螺旋桨发动机的主要特点是将燃气发生器产生的大部分可用能量由动力涡轮吸收并从动力轴上输出,用于带动螺旋桨旋转;螺旋桨旋转时把空气排向后面,由此产生向前的拉力使飞机向前飞行。涡轮出口的燃气在尾喷管中膨胀加速并喷出,产生反作用推力。由于燃气的温度和速度极低,故所产生的反作用力(推力)一般比较小。这个推力转化为推进功率时,仅约占涡轮螺旋桨发动机功率的 10% 以内,正因为排出发动机的能量大大降低了,即提高了推进效率。因此,涡轮螺旋桨发动机的经济性好,具有相同燃气发生器的涡轮螺旋桨发动机在低速飞行时比涡轮喷气发动机和涡轮风扇发动机具有更大的推力。

涡桨发动机的工作原理与传统的涡扇发动机相近，涡桨发动机驱动螺旋桨后的空气流相当于涡扇发动机的外涵道，由于螺旋桨的直径比普通涡扇发动机的大很多，空气流量也远大于内涵道，因此涡桨发动机实际上相当于超大涵道比的涡扇发动机。但涡桨发动机和涡扇发动机在产生动力方面却有很大不同，涡桨发动机输出驱动螺旋桨的轴功率，尾喷管喷出的燃气产生的推力只占总推力的 5％~10％，为驱动大功率的螺旋桨，涡轮级数也比涡扇发动机要多。与航空活塞式发动机相比，涡轮螺旋桨发动机具有尺寸小、质量轻、振动小、推进效率高和功率重量比大等优点，特别是随着飞行高度的增加，其性能更为优越；与涡轮喷气和涡轮风扇发动机相比，它又具有耗油率低和起飞推力大的优点。涡桨发动机的最大功率可超过 10 000 马力[*]（活塞式发动机不超过 4 000 马力），功重比为 4 以上（活塞式发动机不超过 2），由于减少了往复运动的部件，涡桨发动机的运转稳定性好、噪声小、工作寿命长、维修费用低。但因螺旋桨特性的限制，装涡轮螺旋桨发动机的飞机的飞行速度一般不超过 800 km/h，故在大型远程旅客机和运输机上，它已被高涵道比涡扇发动机所取代，但在中小型运输机、轰炸机和通用飞机上仍有广泛的应用。

此外，涡桨发动机配装飞机后还具备以下综合优势：一是螺旋桨特性（含滑流增升、反桨）、飞机机翼构型决定了涡桨飞机较强的地面起飞/着陆性能，可以大幅度缩短起飞/着陆距离（在同样载荷条件下，与涡扇飞机相比，起飞滑行距离可减少 30％以上）；二是较低的燃气排放温度可以大幅度降低 NO_x、噪声排放及红外辐射；三是适中的热力循环参数带来的发动机成本效益。正是由于具有以上诸多优势，安装涡桨发动机的飞机占比逐步提高。根据表 1-3 中 GAMA 的统计数据，从 2006 年开始，涡桨飞机生产量在通用航空固定翼飞机生产总量中的占比稳步提高，从 2006 年的 10.2％一直提高到 2013 年的 27.4％，此后一直稳定在 20％以上，占比仅次于活塞式飞机。

到目前为止，国外已经成功发展了四代涡桨发动机。表 7-1 给出了加拿大、美国、英国及欧洲的四代涡桨发动机性能参数。

表 7-1　国外涡桨发动机的性能参数

代别	国别	涡桨发动机型号	起飞功率/kW	起飞耗油率/(kg·kW⁻¹·h)	总增压比	涡轮前温度/K	单位空气流量功率/(kW·kg⁻¹·s)	装备飞机
第一代	加	PT6A-27	507	0.34	6.3	1 228	181	比奇 B99、DHC-6 等
		PT6A-65R	875	0.31	10	—	194	肖特 360
	美	TPE331-10	746	0.34	10.8	1 278	—	MU-2G/J/L/N
	英	达特 7MK532	1 495	0.41	5.6	—	141	F27、HS748
第二代	加	PW124	1 790	0.29	14.4	1 422	232	F50
	美	TPE331-3	626	0.38	10.4	1 013	173	梅林Ⅲ
第三代	英	AE2 100	4 474	0.25	16	—	250	Saab2 000、IPTN N250
	美	CT7-5	1 294	0.29	16	1 533	285	CN-235
	加	PW150	3 781	0.26	19	—	—	冲 8
第四代	欧	TP400-D6	7 979	—	25	1 500	209	A400M 运输机

---

[*]　1 马力＝0.735 5 千瓦，即 1PS＝0.735 5 kW。

　　第一代涡桨发动机循环参数水平较低,结构比较简单,耗油率高。压气机有轴流、离心和组合多种形式,主要采用单转子固定涡轮输出方式,发动机总增压比低于 10,涡轮一般采用非冷却结构、涡轮前温度一般不超过 1 300 K,耗油率在 0.35～0.41 kg/(kW·h)范围内,单位空气流量功率在 140～200 kW/(kg·s⁻¹)范围内。

　　第二代涡桨发动机循环参数有较大幅度提高,结构基本采用自由涡轮形式,耗油率较第一代降低了 15% 左右。发动机总增压比范围为 11～16,涡轮前温度提高到 1 300 K 左右,耗油率达到 0.29～0.32 kg/(kW·h),单位空气流量功率在 170～240 kW/(kg·s⁻¹)范围内。

　　第三代涡桨发动机主要是在第二代发动机基础上继续提高发动机热力循环参数或采用新技术(冷却、数控、三维气动设计技术等)、新材料、新工艺进行改进改型,发动机总增压比达到 13～20,涡轮前温度达到 1 500 K 左右,耗油率在 0.25～0.31 kg/(kW·h)范围内,单位空气流量功率在 230～290 kW/(kg·s⁻¹)范围内。

　　第四代涡桨发动机的总增压比超过 20,涡轮前温度达到 1 600 K 左右,发动机耗油率降低到 0.21～0.27 kg/(kW·h),单位空气流量功率 280 kW/(kg·s⁻¹)以上。

　　TP400 - D6 是安装在欧洲新一代军用运输机 A400M 上的新型涡轮螺旋桨发动机。TP400 - D6 由欧洲涡桨国际公司(EPI,由 ITP 集团、MTU 航空发动机公司、罗·罗公司、斯奈克玛公司组成的合资公司)制造。这种三转子涡桨发动机单台海平面最大功率约为 8 000 kW,是苏联之外研制的功率最大的涡桨发动机。与涡扇相比,该机的涡桨发动机具有很低的红外特征,缩短了被红外传感器发现的距离,如图 7 - 4 所示。

(a) 第四代涡桨发动机TP400-D6　　　　　　　　　(b) 安装4台TP400-D6涡桨发动机的A400M军用运输机

图 7 - 4　TP400 - D6 涡桨发动机和 A400M 军用运输机

7.2.2　涡轮螺旋桨发动机的组成与分类

　　涡轮螺旋桨发动机有定轴式、自由涡轮式等两种。

1. 定轴式涡轮螺旋桨发动机

　　定轴式(单轴式)涡轮螺旋桨发动机是涡轮螺旋桨发动机中最简单的类型。这种涡桨发动机将动力涡轮与燃气发生器的涡轮机械地连接在一起,成为定轴式或单轴式涡轮螺旋桨发动机(见图 7 - 5),这种类型涡桨发动机很难使同一根轴上的压气机、涡轮和螺旋桨的工作协调一致,启动时需要功率较大的启动机,而且启动时间较长。

　　单轴式涡轮螺旋桨发动机的主要优点是结构简单。其缺点是在非设计状态下工作时效率

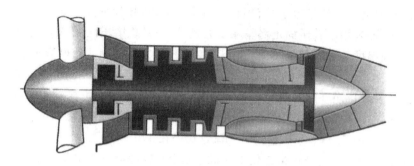

图7-5　定轴式(单轴式)涡轮螺旋桨发动机

较低,当发动机从设计状态降低功率时,随着燃气发生器供油量减少,可以有下列两种处理方法。

①保持螺旋桨桨矩不变,发动机转速随供油量减少而下降,螺旋桨转速随之下降。这样处理时,压气机特性图上共同工作线的走向比较合理,但螺旋桨转速下降后,桨矩角不一定能与当时飞机飞行速度相适应,使螺旋桨效率下降。

②若螺旋桨桨矩可调使燃气发生器转速保持不变,压气机特性图上共同工作点将沿等转速线下降,使压气机增压比迅速下降,燃气发生器的热效率也随之降低。

我国自行设计、生产的运8运输机所用的涡桨6涡轮螺旋桨发动机(见图7-6)、英国"子爵"号四发旅客机用的"达特"(Dart)涡轮螺旋桨发动机均为定轴式涡轮螺旋桨发动机(见图7-7)。

图7-6　涡桨6涡轮螺旋桨发动机

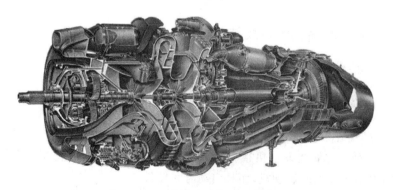

图7-7　"达特"涡轮螺旋桨发动机

　　定轴式涡轮螺旋桨发动机由燃气发生器(包括进气道、压气机、燃烧室、涡轮)、尾喷管、减速器和尾喷管以及附属系统及附件传动机匣等部件组成(见图 7-8);而自由涡轮式涡轮螺旋桨发动机除上述部件外,还包括一组自由涡轮(一级或多级)。

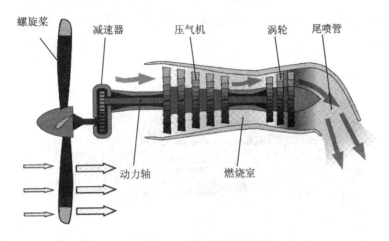

图 7-8　涡轮螺旋桨发动机

　　目前功率为 2 000 kW 及以下的涡轮螺旋桨发动机,其空气流量都低于 10 kg/s,对于小流量的燃气发生器,采用离心式压气机时效率较高,特别是压气机的出口高压部分采用离心式压气机,可以避免轴流式压气机叶片短小、效率低和结构复杂等缺点,如图 7-9 所示。英国罗·罗公司的"达特"(Dart)涡桨发动机和美国霍尼韦尔公司的 TPE-331(见图 7-10)。

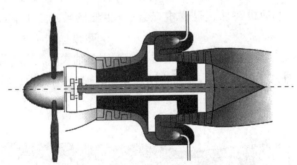

图 7-9　具有离心式压气机的分轴式涡轮螺旋桨发动机

图 7-10　带双级离心式压气机的单轴涡轮螺旋桨发动机 TPE-331

2. 分轴式涡轮螺旋桨发动机

多数涡轮螺旋桨发动机的动力涡轮与燃气发生器的涡轮是分开的,动力涡轮在单独的轴上,且以不同的转速工作。这种涡轮螺旋桨发动机也称为分轴式涡轮螺旋桨发动机,如图 7 - 11 所示。螺旋桨通过减速器直接与动力涡轮相连接。连接螺旋桨的动力涡轮不与燃气发生器相连接,故又称为"自由涡轮"。

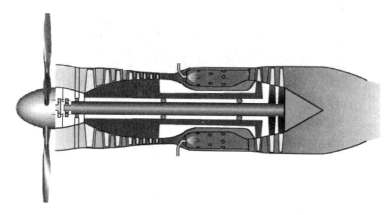

图 7 - 11　具有自由涡轮的分轴式涡轮螺旋桨发动机

分轴式涡轮螺旋桨发动机的优点是采用变矩螺旋桨以后,可以根据飞行速度和动力涡轮的功率自动调节桨矩,保持螺旋桨转速不变。燃气发生器的工作不受螺旋桨转速的约束。与单轴式涡轮螺旋桨发动机相比,这种涡桨发动机启动时只需功率较小的启动装置。这种具有自由涡轮的涡轮螺旋桨发动机在加速过程中,燃气发生器的转速上升快,而驱动螺旋桨的自由涡扇转速上升却较慢。

这种分轴式涡轮螺旋桨发动机的燃气发生器一般采用单轴式燃气发生器。若为了提高燃气发生器的性能可以采用双轴式燃气发生器,连同驱动螺旋桨的轴,共有三根旋转轴,如图 7 - 12 所示。

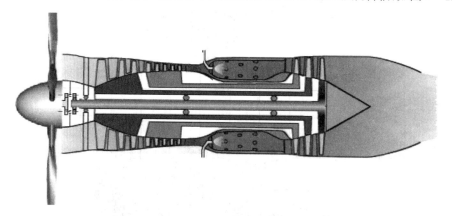

图 7 - 12　具有双轴式燃气发生器的分轴式涡轮螺旋桨发动机

3. 涡轮螺旋桨发动机的其他部件

在具有动力涡轮(自由涡轮)的涡轮螺旋桨发动机中,动力涡轮的转速较高,一般为 6 000～12 000 r/min。在定轴式涡轮螺旋桨发动机中,燃气发生器的涡轮转速更高,一般为 8 000～

18 000 r/min(小功率的涡轮螺旋桨发动机转速高的可达 40 000 r/min),但是为了保证螺旋桨效率,螺旋桨的转速必须很低,一般只有 1 000 r/min 左右。因此,为了协调涡轮和螺旋桨的转速,在涡轮螺旋桨发动机中,均要有减速器,以便将动力涡轮(在具有自由涡轮的涡轮螺旋桨发动机中)或燃气发生器涡轮(在定轴式涡轮螺旋桨发动机中)的转速降低到螺旋桨所要求的工作转速。减速器的传动比一般为 10～16,取决于螺旋桨和涡轮各自的设计转速。

(1) 螺旋桨

螺旋桨是将航空发动机(活塞式或燃气涡轮式)的轴功率转化为航空器拉力或推进力的叶片推进装置(见图 2-12),又称空气螺旋桨。在第二次世界大战以前,螺旋桨是唯一的推进装置,在马赫数小于 0.6 的低速飞机上至今仍普遍采用螺旋桨推进。螺旋桨由桨叶、桨毂、操纵机构等构成,它可将所得到的功率转变成推进飞机前进的拉力。

螺旋桨桨叶旋转时将前方空气吸入然后作用于气流一个向后的力,使气流加速排向后方,与此同时,气流作用于桨叶一个反作用力,这个反作用力就是螺旋桨的拉力。涡轮螺旋桨发动机中,螺旋桨通常为单排四片桨叶,在大功率(10 000 kW 左右)的涡轮螺旋桨发动机中,为了能使桨叶有高的效率,需将螺旋桨做成转向相反的双排,每排四片桨叶。

螺旋桨的操纵机构利用转速敏感元件,感受螺旋桨转速的变化,用以改变、调节桨叶的桨叶角(桨距),达到调节发动机转速和螺旋桨拉力的目的。在发动机启动时,桨安装角变小,使螺旋桨转动阻力矩最小,便于启动;飞机起飞时桨叶安装角变大,使螺旋桨产生最大拉力;当飞机降落后在地面滑跑时,还可将桨叶调到负桨位置以产生负拉力,对飞机进行刹车,缩短滑行距离;飞机飞行中,一旦发动机因故障而停车,操纵机构自动将桨叶前缘调整到与飞行方向一致的位置(称为顺桨),以免桨叶被气流吹转,形成飞机的阻力。螺旋桨变距机构有液压式、电动式和机械式。

(2) 减速器

减速器是使发动机输出轴转速降低到飞机推进器或附件所需转速和转向的齿轮装置。飞机推进器可以是飞机的螺旋桨,也可以是直升机的旋翼。涡轮螺旋桨发动机的减速器均采用齿轮传动,要求减速器在高负荷、高转速下工作可靠、效率高。由于在减速器的设计、加工中,做到了精益求精,其传动效率高达 98%～99%;虽然传动效率这么高,但因传递功率大其摩擦功率高达 37～147 kW(50～200 马力),需通过对齿轮、轴承喷入大量的滑油,以带走摩擦产生的热量。

涡轮螺旋桨发动机的减速器由于用途和结构特点不同,可分机内和机外减速器及双桨式减速器。

减速器与发动机置于一体,成为发动机的一部分,称为机内减速器,涡轮螺旋桨发动机均为机内减速器,如图 7-10 所示的 TPE-331 体内减速器。

当发动机安装在重型飞机的机翼上或安装在飞机的机身内,距离螺旋桨较远时,一般采用机外减速器,它主要用于直升机中,又称主减速器。

当涡轮螺旋桨发动机的功率超过 7 350 kW(10 000 马力)时,一般单螺旋桨不能吸收这样大的功率,必须使用转向相反的两个(双)螺旋桨。传动双螺旋桨的减速器更为复杂,它的输入轴为一个,即自由涡轮的传动轴,而输出轴为套在一起(共轴心)、但旋转方向相反的两个轴。其特点是螺旋桨所产生的反扭矩可以全部抵销,飞机的稳定性和操纵性得以改善,且可提高螺旋桨效率。苏联的图-95 轰炸机(见图 7-13)是世界上最大的装涡轮螺旋桨发动机的飞机,它装有 4 台单台功率为 8 950 kW(12 000 马力)的涡轮螺旋桨发动机,驱动四组共轴反转的双螺旋桨。

图 7-13　装有 4 台涡桨发动机的图-95 战略轰炸机

涡轮螺旋桨发动机的减速器与其他机械设备的减速器相比,其结构有以下两方面特点:

① 传递功率大。涡轮螺旋桨发动机减速器通常传递功率为 2 200~4 400 kW(3 000~6 000 马力),有的高达 11 000 kW(15 000 马力)以上。燃气发生器转子或自由涡轮的转速很高,螺旋桨的转速又低,这就使得一些齿轮在很高的圆周速度下工作,另一些齿轮又在很高的扭矩负荷下工作。为了保证高速齿轮可靠工作,必须采取措施使齿轮啮合良好,尽量减轻啮合过程中对齿轮的冲击,并减小齿轮负荷和保证工作温度适当。

② 传动比大,径向尺寸小。涡轮螺旋桨发动机减速器的传动比(减速器输入轴转速与输出轴转速之比)通常为 10~16。为了达到减速器的传动比要求,必然是齿轮尺寸很大,或者采用复杂的多级传动方式。

由于减速器通常设置在压气机前,减速器齿轮尺寸过大会使得减速器外形增大,发动机迎风面积变大而增加阻力,且发动机进气道中的气流偏转大会造成较大的进气损失,使发动机功率降低。因此,为了解决传动比大与外廓尺寸要求尽量小的矛盾,涡轮螺旋桨发动的减速器只能设计得较复杂,加工精度要求高。

7.2.3　涡轮螺旋桨发动机特性

1. 性能指标

① 分别用 P_{pr} 表示螺旋桨轴功率,其单位是千瓦 kW;用 F 表示燃气喷射产生的反作用推力,其单位是拾牛,即 daN。用 sfc_{pr} 表示按轴功率计算的耗油率,其单位是 $kg \cdot kW^{-1} \cdot h^{-1}$。

$$P_{pr} = \frac{q_{ma}w_{pr}}{735.5} \qquad (7-1)$$

式中,w_{pr} 为每千克空气产生的螺旋桨功。

$$F = q_{ma}(v_9 - v_0) \qquad (7-2)$$

$$sfc_{pr} = \frac{3\ 600 \cdot q_{mf}}{P_{pr}} \qquad (7-3)$$

② 用当量功率 P_e 以及按当量功率计算的耗油率 sfc_e 表示。

当量功率的定义是:假设涡轮螺旋桨发动机的全部推进功率都是由螺旋桨产生,相当于产生全部推进功率的螺旋桨功率称为当量功率,用 P_e 表示

$$P_e = \frac{q_{ma}}{735.5}\left[w_{pr} + \frac{(v_9 - v_0)v_0}{\eta_{pr}}\right] \tag{7-4}$$

式中 η_{pr} 为螺旋桨效率。

在飞行条件下,当量功率可按上式决定。当发动机在地面静止条件下工作时,确定当量功率必须分别测量螺旋桨功率和反作用推力,并按下列近似关系式进行换算:

$$P_e = P_{pr} + \frac{F}{B_e} \tag{7-5}$$

在发展涡轮螺旋桨发动机的早期对换算系数曾有过规定,在地面静止条件下工作时,认为 1 公制马力的螺旋桨轴功率相当于 1.1 kgf 的尾喷管反作用推力。因此,上式中换算系数 B_e 可表示为:

$$B_e \approx 1.1 \text{ kgf/公制马力} \approx 1.079 \text{ daN/公制马力} \approx 1.467 \text{ daN/kW}$$

按当量功率计算的单位耗油率 sfc_e 表示如下:

$$sfc_e = \frac{3\,600 \cdot q_{mf}}{p_e} \tag{7-6}$$

2. 涡轮螺旋桨发动机的飞行特性

(1) 速度特性

研究速度特性时,给定飞行高度,并假定调节规律为: $n = n_{max} = $ 常数和 $T_4^* = T_{4,max}^* = $ 常数。图 7-14 所示为涡轮螺旋桨发动机的速度特性。

从图中可以看出,随着飞行速度的增大,当量功率 P_e 增大,耗油率 sfc 降低。这是因为:

随着飞行速度的增大,速度冲压增大,发动机的总增压比增大,气流在涡轮中的总膨胀比也增大,在涡轮前燃气温度 T_4^* 不变的条件下,涡轮的膨胀功加大,传给螺旋桨轴的功也加大。同时,流过发动机的空气流量也是加大的。因此,螺旋桨功率随飞行速度增加而加大。

随着飞行速度的增大,尾喷管出口气流喷射速度也加大,但比飞行速度增加慢,出口气流喷射速度与飞行速度 v_0 之差是减小的。排气推力随着飞行速度的增大而减小。因此,随着飞行速度的增大当量功率 P_e 增大比螺旋桨轴功率 P_{pr} 增加得慢。

随着飞行速度的增大,耗油率是减小的。

但是这并不意味着飞行速度愈大,采用涡轮螺旋桨发动机愈有利。根据螺旋桨功率和螺旋桨拉力之间的关系:

$$\eta_{pr}P_{pr} = F_p \cdot v_0$$

可以看出,随着飞行速度 v_0 的增大, η_{pr} 下降,螺旋桨拉力将迅速下降。

(2) 高度特性

研究高度特性时,给定飞行速度,调节规律仍为: $n = n_{max} = $ 常数和 $T_4^* = T_{4,max}^* = $ 常数。图 7-15 所示为涡轮螺旋桨发动机的高度特性。表 7-2 所列为功和耗油率与高度的关系。

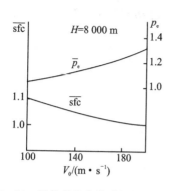

图 7 - 14　涡轮螺旋桨发动机的速度特性

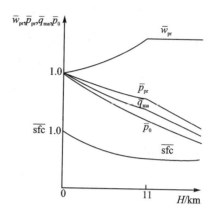

图 7 - 15　涡轮螺旋桨发动机的高度特性

表 7 - 2　功和耗油率与高度的关系

H	功	耗油率
$H \leqslant 11$ km	随着飞行高度的增加,大气温度下降,压气机的增压比增大,涡轮膨胀比也增大,在 T_4^* 一定时,涡轮功 W_t 和螺旋桨功 W_{Pr} 都增大。但是,由于大气压力下降,通过发动机的空气流量减小,螺旋桨功率 P_{Pr} 随着飞行高度的增加而下降,但比空气流量下降得慢	由于大气温度随着飞行高度的增加而下降,总增压比增大,燃烧室中的加热比 T_4^*/T_0^* 也增大,燃气发生器中热的利用程度改善,所耗油率随着飞行高度的增加而下降
$H \geqslant 11$ km	随着飞行高度的增加,大气温度不变,若不考虑雷诺数变化的影响,则螺旋桨功 W_{Pr} 不变,P_{Pr} 和空气流量以同样的速度下降	若不考虑雷诺数变化的影响,则耗油率不随着飞行高度的增加而变化

（3）高空涡轮螺旋桨发动机

从涡轮螺旋桨发动机高度特性可以看出,随着高度的增加,螺旋桨的轴功率和当量功率都是下降的。若按高空飞行的功率要求,在地面工作时发动机的功率将会大得多。现在的问题是发动机的结构强度设计是按高空飞行所需的功率还是按地面大得多的功率进行设计。若按地面大得多的功率来设计发动机,在高空工作时,它的强度就太富裕。涡轮螺旋桨发动机的减速器,由于传动比大,它的质量大约相当于涡轮转子的质量。为了减轻发动机的质量,大部分使用中的涡轮螺旋桨发动机都是按某一高度的空中飞行功率进行结构强度设计。在这一高度以下,用降低燃气发生器转速或涡轮前燃气温度的方法,使螺旋桨轴上的功率不超过最大允许值。这种按高空功率进行结构强度设计的涡轮螺旋桨发动机称为高空涡轮螺旋桨发动机。

图 7 - 16 所示为高空涡轮螺旋桨发动机的高度特性。这一发动机的设计高度为 3.8 km,当飞行高度从零增大到 3.8 km 的过程中,在周围大气压力降低的同时使涡轮前燃气温度 T_4^* 增大(在地面状态下,涡轮前燃气温度 T_4^* 不处于最大值),以便使 P_{Pr} 和 P_e 近似地保持不变。在这过程中单位功率不仅随周围大气温度降低而增加,而且还随涡轮前燃气温度 T_4^* 增大而增加,如图 7 - 17 所示。

在飞行高度从 $H = 3.8$ km 增大到 11 km 的过程中,保持 $T_4^* = $ 常数,这是一般情况下的高度特性,单位功率随高度的增加而增加,功率随高度的增加而下降。

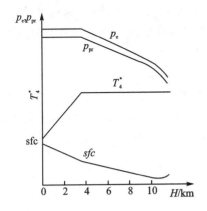

图 7 - 16 高空涡轮螺旋桨发动机的高度特性

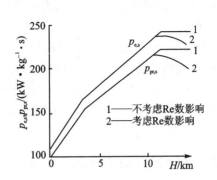

图 7 - 17 单位功率随飞行高度的变化

当飞行高度大于 11 km 时,由于雷诺数减小使压气机和涡轮的效率降低,因此单位功率随高度升高而降低,如图 7 - 17 中曲线 2 所示。功率随高度的增加,下降得更快。

雷诺数对涡轮螺旋桨发动机特性的影响比对涡轮喷气发动机的影响更大,因为涡轮螺旋桨发动机比涡轮喷气发动机多一个动力涡轮,涡轮焓降大,受雷诺数影响更为严重。

耗油率随高度的增加是降低的。在 $H=0\sim3.8$ km 范围内,由于 T_4^* 随高度增加,故耗油率随高度下降较快。在 $H>3.8$ km 后,由于保持 T_4^*=常数,耗油率下降较慢,在高空,由于雷诺数的减小和燃烧室的完全燃烧系数减小,耗油率将有所增大。

(4)涡轮螺旋桨发动机的油门特性

图 7 - 18 所示为目前常用的具有单轴式燃气发生器的分轴式涡轮螺旋桨发动机的油门特性。从图中可以看出,随着油门减小,燃气发生器转速下降,发动机功率迅速下降,耗油率急剧上升。

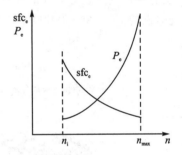

图 7 - 18 具有单轴燃气发生器的分轴式涡轮螺旋桨发动机的油门特性

7.3 涡轮轴发动机

涡轮轴发动机(turboshaft)简称涡轴发动机,是一种输出轴功率的燃气涡轮发动机,主要用于直升机动力装置。

法国是最先研制涡轴发动机的国家。20 世纪 50 年代初,透博梅卡公司研制成一种只有一级离心式叶轮压气机、两级涡轮的单转子、输出轴功率的直升机用发动机,功率达到了 206 kW(280 hp),成为世界上第一台直升机用航空涡轮轴发动机,定名为"阿都斯特 - 1" (Artouste - 1)。首先装用这种发动机的直升机是美国贝尔直升机公司生产的 Bell 47(编号为 XH - 13F),于 1954 年进行了首飞。此后,在直升机动力装置领域,涡轮轴发动机逐渐代替活塞式发动机。目前 2 000 kW 以上的直升机动力装置中,涡轮轴发动机已占统治地位。只有轻小型直升机还在使用活塞式发动机。

涡轮轴发动机作为直升机的动力装置,与活塞式发动机相比,有着以下突出的优点:

① 质量轻、体积小,即功重比高。同样功率为 600 kW 左右的发动机,涡轴发动机其质量还不到活塞式发动机的三分之一,大功率的发动机,它们的质量悬殊更大,采用涡轮轴发动机更为有利。

② 涡轮轴发动机没有往复运动的机件,故振动小、噪声小。

然而,涡轴发动机耗油率较活塞式发动机高。两种类型的小型发动机之间的耗油率约相差 30％左右。而对于大型发动机,它们之间的耗油率水平已非常接近。此外,在制造成本方面,小型涡轮轴发动机比较昂贵,因而在民用直升机领域上,小功率涡轮轴发动机与活塞式发动机仍存在竞争。

7.3.1　涡轮轴发动机分类与组成

在核心机或燃气发生器后,加装一套涡轮(一级或多级),燃气在这一级涡轮(一般称为动力涡轮或低压涡轮)中膨胀,驱动它高速旋转并发出一定功率,动力涡轮的前轴(称动力轴)穿过核心机转子,通过压气机前的减速器减速后由输出轴输出功率,就组成了涡轮轴发动机,主要用于直升机动力。

涡轴发动机的主要组成部件除了与其他类型航空燃气轮机相同的进气道、压气机、燃烧室、涡轮及排气装置等五大部件之外,通常还有体内减速器。图 7-19 所示为英国、法国、德国联合研制的 MTR390 涡轮轴发动机。

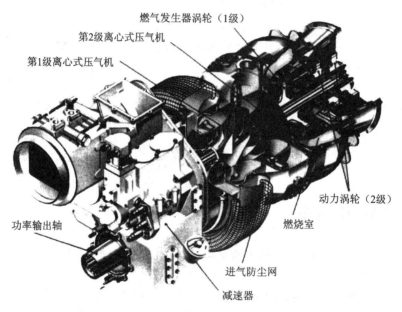

图 7-19　采用两级单面进气离心叶轮的 MTR390 涡轮轴发动机

涡轮轴发动机中,燃气发生器产生的可用能量基本全被动力涡轮吸收并从动力轴输出,通过直升机上的主减速器减速后驱动直升机的旋翼和尾桨;由尾喷管中喷射出的燃气的温度和速度极低,基本上不产生推力。

涡轮轴发动机主要包括定轴式和自由涡轮式两种类型。

定轴式涡轮轴发动机,也称为固定涡轮式涡轮轴发动机,其涡轮既驱动压气机又驱动功率输出轴(见图 7-20)。定轴式涡轮轴发动机的涡轮产生的功率远大于压气机所需的功率,通过减速器将其剩余的功率输出,用于带动直升机旋翼和尾桨。由于其功率输出轴与核心机为机械连接,因此具有功率传送方便,结构简单,操纵调节简单等优点,同时也存在着启动性能差(启动加速慢),加速性不好,功率输出轴转速高而需要大的减速器等缺点。

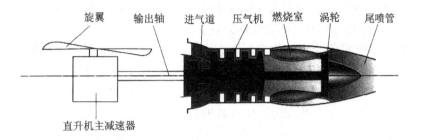

GE涡轮轴
发动机工作过程

图 7-20　定轴式涡轮轴发动机

　　自由涡轮式涡轮轴发动机由燃气发生器和自由涡轮组成。产生输出功率的自由涡轮安装在发动机功率输出轴上,此轴与核心机转子无机械联系,它们之间仅有气动联系(见图 7-21)。由于自由涡轮是输出轴功率的,因此又称自由涡轮为动力涡轮。自由涡轮式涡轮轴发动机与定轴式涡轮轴发动机相比,启动性能好,工作稳定,加速性能较好,调节性能和经济性好,但其结构比较复杂。

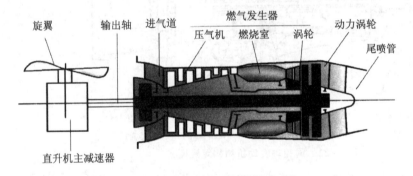

GE T-700发动机

图 7-21　自由涡轮式涡轮轴发动机

　　大部分涡轮轴发动机为自由涡轮式涡轮轴发动机,定轴式涡轮轴发动机仅用于一些功率较小的发动机中。

7.3.2　涡轮轴发动机的基本工作原理

　　涡轮轴发动机与涡轮螺旋桨发动机基本相同,它们均由涡轮喷气发动机演变而来,涡桨发动机驱动螺旋桨,涡轮轴发动机则驱动直升机的旋翼轴获得升力和气动控制力,也可用作其他动力(轮船、坦克、发电等)。两者的主要区别如下:
　　① 涡轴发动机通常带有自由涡轮,而其他形式的涡轮喷气发动机一般没有自由涡轮。
　　② 动力涡轮轴的输出方向有不同的要求,对涡轮螺旋桨发动机要求动力涡轮轴向发动机前方输出,以便将螺旋桨安装在发动机的前方;而对涡轮轴发动机,动力涡轮轴不一定从发动机前方输出。

③ 减速器方面,涡轮轴发动机所带动的旋翼转速很低,仅 200 r/min 左右,减速比高,一般采用两个减速器,其中一个减速器安装在发动机上,称为"体内减速器",另一个减速器安装在直升机上,称为"体外减速器"。

④ 涡轮轴发动机的工作环境往往离地面较近,容易将沙石等杂物吸入发动机内,为了避免杂物损坏发动机,对涡轮轴发动机的进气道有特殊的要求。

涡轮轴发动机其特有的自由涡轮位于燃烧室后方(见图 7 - 22),高能燃气对自由涡轮做功,通过传动轴、减速器等带动直升机的旋翼旋转,从而升空飞行。自由涡轮并不像其他涡轮那样要带动压气机,它专门用于输出功率,类似于汽轮机。做功后排出的燃气,经尾喷管喷出,能量已经不大,产生的推力很小,包含的推力大约仅占总推力的十分之一。因此,为了适应直升机机体结构的需要,涡轮轴发动机喷口可灵活安排,可以向上、向下或向两侧,而不一定要向后。尽管涡轮轴发动机内,带动压气机的燃气发生器涡轮与自由涡轮并不机械互联,但气动上有着密切联系。对这两种涡轮,在气体热能分配上,需要随飞行条件的改变而适当调整,从而取得发动机性能与直升机旋翼性能的最优组合。

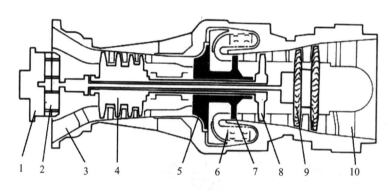

1—输出功率轴;2—体内减速器;3—进气道;4—低压压气机;5—高压压气机;
6—燃烧室;7—高压涡轮;8—低压涡轮;9—自由涡轮;10—排气装置

图 7 - 22　涡轮轴发动机结构示意图

参照涡轮风扇发动机理论,涡轮轴发动机带动的旋翼的直径应该越大越好,这是因为同一个的核心发动机,所配合的旋翼直径越大,在旋翼上所产生的升力就越大。但能量转换过程总是有损耗的,旋翼限于材料品质也不可能太大,因此旋翼的直径是有限制的。以目前的水平计算,旋翼驱动的空气流量一般是涡轮轴发动机内空气流量的 500～1 000 倍。

一般直升机飞得没有固定翼飞机快,最大平飞速度通常在 350 km/h 以下,因此,涡轮轴发动机的进气口设计也较为灵活。通常将内流进气道设计为收敛型,驱使气流在收敛时加速流动,令流场更加均匀。进口唇边呈流线形,适合亚声速流线要求,避免气流分离,保证压气机的稳定工作。此外,由于直升机飞得离地面较近,一般必须去除进气中杂质,通常都有粒子分离器。粒子分离器可以与进气道设计成一体。分离器设计为螺旋形状,利用惯性力场,使进气中的砂粒因为质量较大,在弯道处获得较大的惯性力,被甩出主气流之外,通过分流排出进气道之外。

尽管涡轮轴发动机排气能量不高,但对于敌方红外探测装置来说仍然是相当可观的目标。发动机排气是直升机主要热辐射源之一。作战直升机必须减小自身热辐射强度,要采用红外抑制技术。一方面,要设法降低发动机外露热部件的表面温度,更重要的是要将外界冷空气引入并混合到高温排气热流中,从而降低温度,冲淡二氧化氯的浓度,降低红外特征。先进的红外抑制技术通常将排气装置、冷却空气道以及发动机的安装位置作为完整、有效的系统进行设计制造。

7.3.3 涡轮轴发动机的构造

涡轮轴发动机与涡轮喷气发动机构造基本相同,其差异主要体现在以下几方面。

1. 进气装置

由于直升机飞行速度不高,一般最高平飞速度在 350 km/h 以下,故进气装置的内流进气道采用收敛形,以便气流在收敛形进气道内作加速流动,以改善气流流场的不均匀性。进气装置进口唇边呈圆滑流线,满足亚声速流线要求,以避免气流在进口处突然方向折转,引起气流分离,为压气机稳定工作创造一个好的进气环境。

有的涡轴发动机将粒子分离器与进气道设计成一体,构成"多功能进气道",以防止砂粒进入发动机内部磨损机件或者影响发动机稳定工作。这种多功能进气道利用惯性力场,使含有砂粒的空气沿着一定几何形状的通道流动。由于砂粒密度比空气大,在弯道处使砂粒获得较大的惯性力,故砂粒便聚集在一起并与空气分离,排出机外(见图 7-23)。

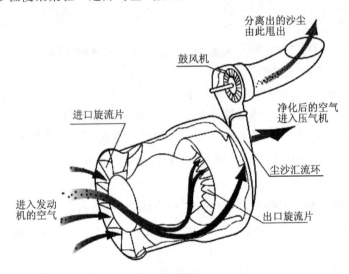

图 7-23 涡轮轴发动机进气装置

2. 压气机

涡轴发动机的压气机结构形式几经演变,从纯轴流式、单级离心、双级离心到轴流与离心混装一起的组合式压气机。当前,直升机的涡轴发动机大多采用的是若干级轴流加一级离心所构成的组合压气机。例如:国产涡轴 6、涡轴 8 发动机为 1 级轴流加 1 级离心构成的组合压气机;"黑鹰"直升机上的 T700 发动机其压气机为 5 级轴流加上 1 级离心。现代直升机装用的涡轴发动机,要求压气机的总增压比越来越高,有的已使增压比达到 20,以使发动机获取尽可能高的热效率和轴功率。

3. 燃烧室

燃烧室一般由外壳、火焰筒组成,气流进口处还设有燃油喷嘴,启动时用的喷油点火器也装在这里。燃烧室的工作条件十分恶劣,由于气体流速很高(一般流速为 50~100 m/s),混合气燃烧如大风中点火,因此保持燃烧稳定至关重要。为了保证稳定燃烧,在燃烧室结构设计上采取气流分流和火焰稳定等措施(见图 7-24)。

经过压气机压缩后的高压空气进入燃烧室,被火焰筒分成内、外两股,大部分空气在火焰筒外部,沿外部通道向后流动,起着散热、降温的作用;小部分空气进入火焰筒内与燃油喷嘴喷出(或者甩油盘甩出)的燃油混合形成油气混合气,经点火燃烧成为燃气,向后膨胀加速,然后与外部渗入火焰筒内的冷空气掺和,燃气温度平均可达 1 500 ℃,流速可达 230 m/s,高温、高速的燃气从燃烧室后部喷出冲击涡轮装置。

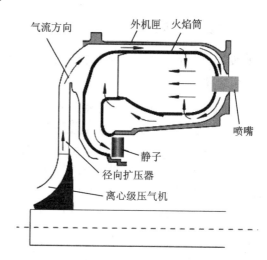

图 7-24 回流式燃烧室

工作时,先靠启动点火器点燃火焰筒内的混合气,正常工作时靠火焰筒内的燃气保持稳定燃烧。由于燃烧室的零件工作在高温、高压下,工作中常出现翘曲、变形、裂纹、过热烧穿等故障,因此燃烧室采用热强度高、热塑性好的耐高温合金。

按照燃气在燃烧室的流动路线,燃烧室可分为直流和回流式两种。直流燃烧室形状细且长,燃气流动阻力小,回流燃烧室燃气路线回转,燃气流动阻力大,但可使发动机结构紧凑,使发动机获得较大的整体刚度。国产涡轴 8 发动机的燃烧室是介于上述两者之间的一种折流燃烧室,使燃气折流适应甩油盘甩出燃油的方向,以提高燃油雾化质量及燃烧室工作效率。

4. 涡 轮

涡轮的作用是将高温、高压燃气热能转变为旋转运动的机械能。它是涡轴发动机的主要机件之一,现代涡轴发动机进入涡轮前的温度可高达 1 500 ℃,涡轮转速超过 50 000 r/min,因此涡轮一般选用耐高温的高强度合金钢。

与一般涡轮喷气发动机不同,直升机用涡轴发动机的涡轮既要带动压气机转动,又要带动旋翼、尾桨工作。现在大多数涡轴发动机将涡轮分为彼此无机械连接的前、后两段,见图 7-25。前段带动压气机工作,构成发动机的燃气发生器转子;后段作为动力轴,即自由涡轮,输出轴功率带动旋翼、尾桨等部件工作。前、后两段虽不发生机械连接关系,却有着气体动力上的联系,可以使得燃气发生器涡轮与自由涡轮在气体热能分配上随飞行条件的改变做出适当调整,这样就能使涡轴发动机性能与直升机旋翼性能在较宽裕的范围内得到优化。

5. 排气装置

根据涡轴发动机工作特点,一般排气装置呈圆筒扩散形,以便燃气在自由涡轮内充分膨胀做功,使燃气热能尽可能多地转化为轴功。现代涡轴发动机的排气装置能做到使 95% 以上的燃气可用膨胀功通过自由涡轮转变为轴功,而余下不到 5% 的可用膨胀功仍以动能 形式向后排出转变为推力。发动机排气装置排出的热流是直升机主要热辐射源之一,其热辐射的强度

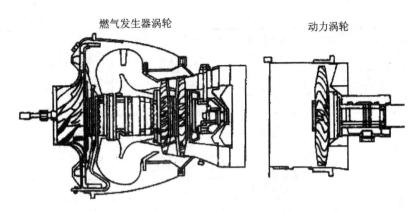

图 7-25　涡轴发动机的涡轮

与排气热流的温度和温度场的分布有关。

　　现代军用直升机为了在战场上防备敌方红外制导武器的攻击,减小自身热辐射强度,采用红外抑制技术。该技术除设法降低发动机外露热部件的表面温度外,主要是将外界冷空气引入排气装置内,掺进高温排气热流中,降低温度并冲淡排气热流中二氧化氯的浓度,从而降低红外信号源能量。先进的红外抑制技术往往要将排气装置、冷却空气道以及发动机的安装位置通盘考虑,形成了一个完整、有效的红外抑制系统(见图 7-26)。

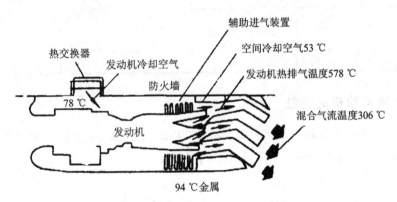

图 7-26　带红外抑制系统的排气装置

　　目前为止,国外已经成功发展了四代涡轴发动机。表 7-3 给出了国外四代涡轴发动机的性能参数。

表 7-3　国外涡轴发动机的性能参数

代别	国别	型号	起飞功率/kW	起飞耗油率/(kg·kW^{-1}·h^{-1})	总增压比	功重比/(kW·daN^{-1})	涡轮前温度/℃	装备直升机
第一代	法	阿特	404	0.463	5.2	2.63	850	"云雀"
	美	T58-GE-10	1029	0.382	8.4	6.4	982	SH-3、CH-3、CH46 等
	俄	GTD350	290	0.49	6.05	2.42	870	米-2

代别	国别	型　号	起飞功率/kW	起飞耗油率 /(kg·kW^{-1}·h^{-1})	总增压比	功重比 /(kW·daN^{-1})	涡轮前温度/℃	装备直升机
第二代	美	T63A - 720(艾利逊 250 - C20B)	309	0.401	7.2	4.32	810	F50
	法	阿赫耶 IC	526	0.354	7.88	4.43	1037	SA365N"海豚"、SA365M"黑豹"
	美	T64 - GE - 6	2296	0.302	13.0	6.40	967	AH - 56、CH - 53
	俄	TV2 - 117A	1102	0.374	6.6	3.34	880	米 - 8、米 - 24A
第三代	法	马基拉 1A	1240	0.305	10.4	5.12	1240	AS332"超美洲豹"
	美	T700 - GE - 701A	1266	0.286	17	6.54	1260	UH60A、AH64A、EH101
	俄	TV3 - 117VM	1470/1397	0.319	9.4	5.16	1242	米 - 24、米 - 17、卡 - 32、卡 - 27、卡 - 50、卡 - 52
第四代	英法	HTM3322 - 01	1566	0.266	15.0	7.35	1237	EH101、NH90、WAH - 64A
	德法英	MTR390	950	0.274	14	5.78	1150	PAH - 2/HAP/HAC"虎"
	美	T800 - LHT - 800	994	0.267	14.1	7.1	—	RAH - 66"科曼奇"(已撤销)
	俄	TVD1500	956	—	14.4	—	1267	卡 62、卡 52

7.3.4　涡轮轴发动机的特性

图 7 - 27 所示为某涡轮轴发动机的节流特性,从图可以看出,随着燃气发生器转速 N_1 的降低,发动机输出功率和燃气温度下降,而耗油率上升。

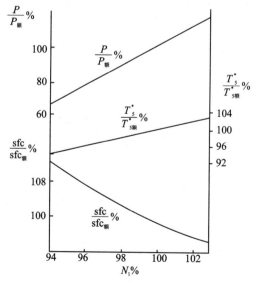

图 7 - 27　涡轮轴发动机的节流特性

图 7-28 所示为某涡轮轴发动机的高度特性,从图可以看出,在设计高度 3 km 以下,额定转速随高度下降而减小。发动机的输出功率在设计高度以下不会因高度下降而增加。随着高度的下降,周围大气温度升高,使耗油率 sfc 上升。

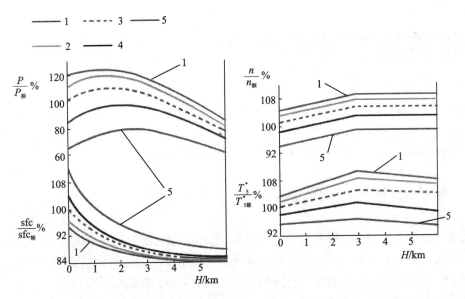

1—起飞状态;2—应急状态;3—额定(最大连续)状态;4—0.85 额定;5—0.66 额定

图 7-28　涡轮轴发动机的高度特性

思考题

1. 比较涡轮螺旋桨发动机与涡轮喷气发动机、涡轮风扇发动机的优缺点。
2. 为了简化结构,是否可以将螺旋桨通过减速器与双轴式燃气发生器的低压轴相连接?
3. 何谓涡轮螺旋桨发动机的当量功率? 在地面静止条件下,如何折算当量功率?
4. 高空螺旋桨发动机的特性有何特点?
5. 涡轮轴发动机与涡轮螺旋桨发动机有什么异同之处?
6. 简述涡轮轴发动机的类型和构造特点。

第 8 章

其他类型发动机简介

活塞式发动机与涡轮喷气发动机作为目前应用最广泛的航空发动机,它们的发展带动了科技的进步。但是为满足航空器更快、更高、更远的要求,人们多年来一直在航空动力探索新概念发动机,包括多电发动机、冲压发动机、脉冲爆震发动机、组合式发动机等。

8.1 航空电机动力系统

航空电机动力系统主要依靠电池提供能量,也称为电池类发动机动力装置。直流电动机按换向方式可以分为有刷电动机和无刷电动机。有刷电动机采用机械换向,存在机械摩擦、换向火花、较难维修等缺点;无刷电动机采用电子换向,弥补了有刷电动机的缺点。为无人机提供动力的电动机主要是无刷电动机。

电动机是一种旋转式电动机器,它将电能转变为机械能,它主要包括一个用于产生磁场的电磁铁绕组或分布的定子绕组和一个旋转电枢或转子。在定子绕组旋转磁场的作用下,其在定子绕组有效边中有电流通过并受磁场的作用而使其转动。电动机的优点是结构简单、易于操作、便于维护便利等。

8.1.1 无刷电动机动力系统组成

无刷电动机动力系统主要由电池、无刷电动机、电子调速器(ESC,简称电调,如图 8-1 所示)、平衡充电器及传动系统组成。

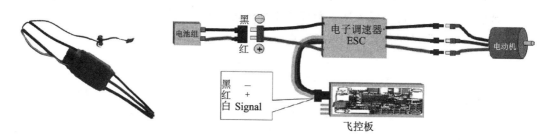

图 8-1 电子调速器实物(左)及其连接方式

① 电池,能量装置,为电动机提供电能,常用能量密度大、质量轻、耐电流数值较高的锂聚合物电池。

② 无刷电动机,能量转换装置,将电能转化为机械能,属于外转子电动机,无电刷。

③ 电调,主要作用是控制电动机的转速。其输入端的信号线与飞控板链接,两条输入线与电池连接,输出端三条线与电动机的三条输入线连接(见图 8-1)。电调与电机一样,不同

负载的动力系统需要配合不同规格的电调。电调的其他功能还包括变压供电（相当于变压器），电源转化（相当于换相器）以及电池保护、启动保护和制动等。

④ 平衡充电器，专用电池必须采用平衡充电器充电。

⑤ 传动系统，电动机与螺旋桨（旋翼）之间的齿轮传动系统。

8.1.2　无刷电机工作原理

直流无刷电动机是一种不使用机械结构换向电刷，而直接用电子换向器的新型电动机，属于三相永磁同步电动机的范畴（见图 8-2）。

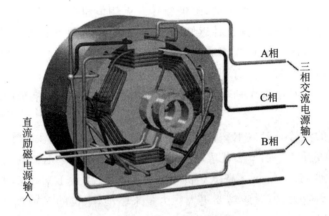

图 8-2　直流无刷电动机原理图

直流无刷电动机由电动机主体和驱动器组成，是一种典型的机电一体化产品。由于直流无刷电动机是以自控式运行的，所以不会像变频调速下重载启动的同步电机那样在转子上另加启动绕组，也不会在负载突变时产生振荡和失步。中小容量的无刷直流电动机的永磁体，现在多采用高磁能级的稀土钕铁硼（Nd-Fe-B）材料。因此，稀土永磁无刷电动机的体积比同容量三相异步电动机缩小了一个机座号。

结构上，无刷电机和有刷电机有相似之处，也有转子和定子，只不过和有刷电机的结构相反；有刷电机的转子是线圈绕组，和动力输出轴相连，定子是永磁磁钢；无刷电机的转子是永磁磁钢，连同外壳一起和输出轴相连，定子是绕组线圈，去掉了有刷电机用来交替变换电磁场的换向电刷，故称之为无刷电机（brushless motor）。有刷与无刷电动机在结构上的区别如表 8-1 所列。

表 8-1　有刷与无刷电动机在结构上的区别

名　称	定　子	转　子	换向电刷
直流有刷电动机	永磁磁铁	绕组	有
直流无刷电动机	绕组	永磁磁铁	无

没有了电磁场的变换，如何让无刷电机转动呢？简单而言，依靠改变输入到无刷电机定子线圈上的电流波交变频率和波形，在绕组线圈周围形成一个绕电机几何轴心旋转的磁场，这个磁场驱动转子上的永磁磁钢转动，电机就转起来了，电机的性能和磁钢数量、磁钢磁通强度、电机输入电压大小等因素有关，更与无刷电机的控制性能有很大关系，这是因为输入的是直流

电,电流需要电子调速器将其变成 3 相交流电,还需要从遥控器接收机那里接收控制信号,控制电机的转速,以满足模型使用需要。总的来说,无刷电机的结构是比较简单的,真正决定其使用性能的还是无刷电子调速器,好的电子调速器需要有单片机控制程序设计、电路设计、复杂加工工艺等过程的总体控制,因此价格要比有刷电机高出很多。

无刷电机中,换相的工作交由控制器中的控制电路(一般为霍尔传感器+控制器,更先进的技术是磁编码器)来完成。无刷直流电动机是采用半导体开关器件来实现电子换向的,即用电子开关器件代替传统的接触式换向器和电刷。它具有可靠性高、无换向火花、机械噪声低等优点。

无刷电机采取电子换向,线圈不动,磁极旋转。无刷电机是使用一套电子设备,通过霍尔元件感知永磁体磁极的位置,根据这种感知,使用电子线路适时切换线圈中电流的方向,保证产生正确方向的磁力来驱动电机从而克服了有刷电机的缺点。这些电路就是电机控制器。无刷电机的控制器还可以实现一些有刷电机不能实现的功能,比如调整电源切换角,制动电机,使电机反转,锁住电机,利用刹车信号,停止给电机供电等。现在电瓶车的电子报警锁就充分利用了这些功能。

无刷电机产品的型号一般以 KV 值为准。例如,图 8 - 3 中型号为 2212/920KV,其中 22 代表电机的外转子直径 22 mm,12 代表转子的高度为 12 mm,920KV 代表电压每增加 1 V 则电机的实际转速增加 920 r/min。高 KV 的电机相对同级别低 KV 电机来说,转速高但扭力小,螺旋桨越大,升力越大,但对应需要更大的力量来驱动,电机的 KV 越小,转动力量就越大,螺旋桨转速越高,升力越大。综上,大螺旋桨就需要用低 KV 电机,反之则需要高 KV 电机。

图 8 - 3 直流无刷电动机型号

如果高 KV 电机带大桨,要么根本不能正常运转,要么桨转速不够不能离地,要么使电机过烫而烧毁,引发飞行事故

有刷与无刷电动机调速方式的区别:实际上两种电机的控制都是调压,只是由于无刷直流采用了电子换向,故要有数字控制才可以实现了,而有刷直流是通过碳刷换向的,利用可控硅等传统模拟电路都可以控制,比较简单。

① 有刷马达调速过程是调整马达供电电源电压的高低。调整后的电压电流通过整流子

及电刷地转换,改变电极产生的磁场强弱,达到改变转速的目的。这一过程被称之为变压调速。

②　无刷马达调速过程是马达的供电电源的电压不变,改变电调的控制信号,通过微处理器再改变大功率 MOS 管的开关速率,从而实现转速的改变。这一过程被称为变频调速。

有刷与无刷电动机特点对比:

(1)有刷电机结构简单、开发时间久、技术成熟

早在 19 世纪诞生电机的时候,产生的实用性电机就是无刷形式,即交流鼠笼式异步电动机,这种电动机在交流电产生以后得到了广泛的应用。但是,异步电动机有许多无法克服的缺陷,以致电机技术发展缓慢。尤其是直流无刷电机一直无法投入商业运营,伴随着电子技术的日新月异,直至近几年才慢慢投入商业运营,就其实质来说依然属于交流电机范畴。

无刷电机诞生不久,人们就发明了直流有刷电机。由于直流有刷电机机构简单,生产加工容易,维修方便,容易控制;直流电机还具有响应快速、较大的启动转矩、从零转速至额定转速具备可提供额定转矩的性能,所以一经问世就得到了广泛应用。

(2)直流有刷电机响应速度快,启动扭矩大

直流有刷电机启动响应速度快,启动扭矩大,变速平稳,速度从零到最大几乎感觉不到振动,启动时可带动更大的负荷。无刷电机启动电阻大(感抗),所以功率因素小,启动扭矩相对较小,启动时有嗡嗡声,并伴随着强烈震动,启动时带动负荷较小。

(3)直流有刷电机运行平稳,起、制动效果好

有刷电机是通过调压调速,所以启动和制动平稳,恒速运行时也平稳。无刷电机通常是数字变频控制,先将交流变成直流,直流再变成交流,通过频率变化控制转速,所以无刷电机在启动和制动时运行不平稳,振动大,只在速度恒定时才会平稳。

(4)直流有刷电机控制精度高

直流有刷电机通常和减速箱、译码器一起使用,使得电机的输出功率更大,控制精度更高,控制精度可以达到 0.01 mm,几乎可以让运动部件停在任何想要的地方。所有精密机床都是采用直流电机控制精度。无刷电机由于在启动和制动时不平稳,所以运动部件每次都会停到不同的位置上,必须通过定位销或限位器才可以停在想要的位置上。

(5)直流有刷电机使用成本低,维修方便

由于直流有刷电机结构简单,生产成本低,生产厂家多,技术比较成熟,所以应用也比较广泛,比如工厂、加工机床、精密仪器等,如果电机故障,只需更换碳刷即可,每个碳刷只需要几元,非常便宜。无刷电机技术不成熟,价格较高,应用范围有限,主要应在恒速设备上,比如变频空调、冰箱等,无刷电机损坏只能更换。

(6)无电刷、低干扰

无刷电机去除了电刷,最直接的变化就是没有了有刷电机运转时产生的电火花,这样就极大减少了电火花对遥控无线电设备的干扰。

(7)噪声低,运转顺畅

无刷电机没有了电刷,运转时摩擦力大大减小,运行顺畅,噪声会低许多,这个优点对于模型运行稳定性是一个巨大的支持。

(8)寿命长,低维护成本

少了电刷,无刷电机的磨损主要是在轴承上了,从机械角度看,无刷电机几乎是一种免维

护的电动机了,必要的时候只要做一些除尘维护即可。

(9) 在适用范围方面

无刷电机:通常被使用在控制要求比较高,转速比较高的设备上,如航模、精密仪器仪表等对电机转速控制严格而转速达到很高的设备。

碳刷电机:通常动力设备使用的都是有刷电机,如吹风机、工厂的电动机、家用的抽油烟机等等,另外串激电机的转速也能达到很高,但是由于碳刷的磨损,因此使用寿命不如无刷电机。

8.2　多(全)电发动机

在过去的十年中,电子技术取得了巨大发展,随着高功率电子技术和高功率密度电子机械的发展,航空航天领域也将发生巨大的变革,利用先进的电力系统取代复杂的机械系统将大大提高军民用飞机的性能、改善维修性、减轻质量和降低成本。

多电发动机是多电飞机(见图8-4)的核心系统之一。它除提供飞机飞行所需的推力外,还为飞机上的所有用电系统提供电力,发动机上的机械液压和气压系统均采用电驱动,不需要额外的润滑系统。

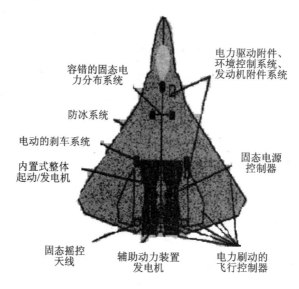

图 8-4　多电飞机结构示意图

8.2.1　多电发动机的结构组成

多电发动机在传统发动机的基础上进行了局部结构改动,改动部件主要包括内置整体启动/发电机、主动磁浮轴承、电动燃油泵和电力作动器等。

1. 整体启动/发电机

多电发动机的整体启动/发电机装在风扇轴上,提供飞机所用的大量电力。利用电机的可逆原理,在发动机稳定工作前作为电启动机工作,带动发动机转子(见图8-5)在一定转速后喷油点火,使发动机进入稳定工作状态;此后,发动机反过来带动电机,成为发电机,向飞机用电设备供电。

　　采用整体启动/发电机可取消功率提取轴和减速器,减小发动机的质量和迎风面积;所产生的电功率有两根以上的发电机轴分担,可以重新优化燃气发生器,有利于控制喘振和扩大空中点火包线,改善发动机适用性,易于获得大的功率电力,可以获得几兆瓦。

(a) 静　子　　　　　　　　　　　　　　　　(b) 转　子

图 8 - 5　POA 计划的起发电机

2. 主动磁浮轴承

　　磁浮轴承为航空发动机获得双倍推力的关键机电系统部件。其工作原理如下:位移传感器用于监视轴的位置,并将信息传入控制系统,控制系统确定必要的控制信号,使旋转轴位于轴承作动器的中心,控制信号被送入功率放大器,转变为电磁作动器的增大电流,如图 8 - 6所示。

　　主动磁浮轴承具有无磨损、无须润滑、寿命长、转速高、无噪声、无污染、运行成本低、安全性高、振动小等许多优点。

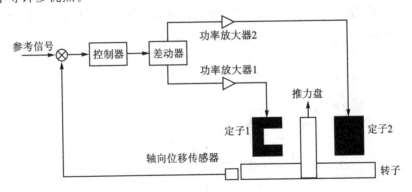

图 8 - 6　磁浮轴承控制系统原理

3. 电动燃油泵

　　目前航空发动机主燃油泵为固定排量的齿轮泵,由发动机附件传动齿轮箱驱动,其转速与发动机的转速直接相关,为保证根据发动机需求提供准确的燃油流量,需将燃油泵多余的燃油重新流回至燃油箱,导致了功率的损耗及油温的升高,同时也增加了燃油冷却装置。

　　当采用电动燃油泵时,可根据发动机的需要,通过电子控制器直接调整燃油泵的转速和燃油阀的位置以获得发动机实际需求的燃油量,而无须最大程度地减少燃油流回,这样既省掉了传动结构和相应的润滑系统,也降低了燃油控制系统的复杂性,同时还提高了发动机的可靠性。

4．电力作动器

电力作动器是全电发动机的重要部件之一。传统航空发动机所采用的作动器需要独立液压源,可靠性差、易污染、质量大、维护性差且通常都有泄漏的问题,当作动系统出现故障时,难以判断作动器的故障原因。

采用电力作动器时,结合数字电子和控制系统容错设计技术,电力作动器的工作状态、性能衰减都能够实时监测,在故障出现时能进行有效地识别和隔离,从而进一步提高了可靠性。由于电力作动器使用的功率源为电力源,故使得其对安装位置的要求更灵活,更易于使用和维护。

8.2.2 多电发动机的主要技术与优点

1．分布式控制技术

目前航空发动机的控制系统是一种集中式全权限数字电子控制系统(FADEC),为了进一步提高发动机控制系统的性能,满足日益复杂的控制需求,减轻发动机附件系统的质量并提高可靠性,改善发动机控制系统故障的隔离特性,分布式控制技术受到了国内外航空发动机控制界的重视。

分布式控制系统的关键技术如下:分布式控制系统的总体结构和运行模式;余度多路传输光纤总线;多余度数字处理机及并行处理技术;耐高温的灵巧传感器和作动器;发动机状态监视和故障诊断技术。

2．多电发动机的优点

在传统发动机基础上改进的多电发动机(见图 8 - 7),采用内置式整体启动/发电机为发动机和飞机提供所需的电源,用全电气化传动附件取代机械液压式传动附件,发动机的控制系统也由集中式全权限数字电子控制系统改为分布式控制系统,发动机的燃油泵、滑油泵及作动器也改为电力驱动。

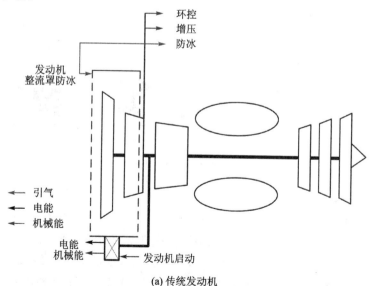

(a) 传统发动机

图 8 - 7 传统发动机与多电发动机结构对比

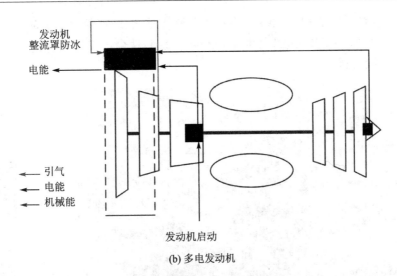

(b) 多电发动机

图 8 - 7　传统发动机与多电发动机结构对比（续）

　　这种结构上的改变可大大增强系统的功能性并降低系统的复杂程度，减轻发动机的质量，节约成本，提高发动机性能，优化发动机的结构，以及获得更高的可靠性和可维修性。

8.3　火箭发动机

　　火箭发动机（rocket engine）是利用冲量原理，自带推进剂、不依赖外界空气的喷气发动机。由于火箭发动机自身既带燃料，又带氧化剂，靠氧化剂来助燃，不需要从周围的大气层中汲取氧气，因此它不但能在大气层内，也可在大气层之外的宇宙真空中工作。火箭发动机主要用于航天器推进，也可用于导弹等在大气层内飞行。

　　火箭发动机最早在航空上的应用是在 1945 年。美国国家航空咨询委员会（NACA）和美国空军以及贝尔公司达成协议，开始研制 MX - 653，后称 X - 1 的火箭飞机（选用反作用发动机公司的 XLR - 11 挤压式液体火箭发动机），并于 1947 年 10 月 14 日实现了人类首次超声速飞行，在高度 12 400 m 时，速度达到 1 078 km/h（$Ma=1.015$）。X - 1 后来在 1948 年又创造了 1 547 km/h（$Ma=1.28$）的新纪录。德国和苏联也都先后研制了自己的火箭动力飞机。

　　目前，火箭发动机在航空领域主要用于飞机起飞或加速的助推，以及与冲压发动机结合成组合式发动机。现代火箭发动机主要分固体推进剂和液体推进剂发动机。所谓"推进剂"就是燃料（燃烧剂）加氧化剂的合称。

8.3.1　固体火箭发动机

　　固体火箭发动机为使用固体推进剂的化学火箭发动机。固体推进剂有聚氨酯、聚丁二烯、端羟基聚丁二烯、硝酸酯增塑聚醚等。固体推进剂点燃后在燃烧室中燃烧，化学能转化为热能，产生高温高压的燃烧产物。燃烧产物流经喷管，在其中膨胀加速，热能转变为动能，以高速从喷管排出而产生推力。

　　固体火箭发动机由药柱、燃烧室、喷管组件及点火装置等组成（见图 8 - 8）。药柱是由推进剂与少量添加剂制成的中空圆柱体（中空部分为燃烧面，其横截面形状有圆形、星形等）。药

柱置于燃烧室(一般为发动机壳体)中。在推进剂燃烧时,燃烧室须承受 2 500~3 500 ℃的高温和 100~2×10⁷ Pa 的高压力,因此须用高强度合金钢、钛合金或复合材料制造,并在药柱与燃烧内壁间装备隔热衬。

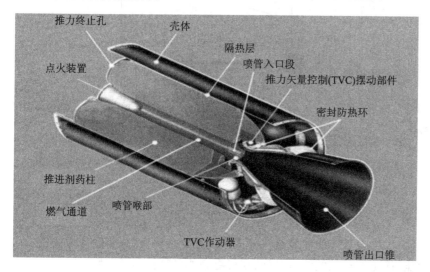

X33 飞行器

Xaero 61 m 飞行试验

图 8 - 8　固体火箭发动机

点火装置用于点燃药柱,通常由电发火管和火药盒(装黑火药或烟火剂)组成。通电后由电热丝点燃黑火药,再由黑火药点燃药柱。

喷管除使燃气膨胀加速产生推力外,为了控制推力方向,常与推力向量控制系统组成喷管组件。该系统能改变燃气喷射角度,从而实现推力方向的改变。

药柱燃烧完毕,发动机便停止工作。

固体火箭发动机与液体火箭发动机相比较,具有结构简单,推进剂密度大,推进剂可以储存在燃烧通道中常备待用及操纵方便可靠等优点。缺点是比冲(也叫比推力,是发动机推力与每秒消耗推进剂质量的比值,单位为秒)低。固体火箭发动机比冲为 250~300 s,工作时间短,加速度大导致推力不易控制,重复启动困难,从而不利于载人飞行。

固体火箭发动机主要用作火箭弹、导弹、探空火箭的发动机,以及航天器发射、飞机起飞的助推发动机。

8.3.2　液体火箭发动机

液体火箭发动机是指液体推进剂的化学火箭发动机。常用的液体氧化剂有液态氧、四氧化二氮等,燃烧剂有液氢、偏二甲肼、煤油等。氧化剂和燃烧剂必须储存在不同的储箱中。

液体火箭发动机一般由推力室、推进剂供应系统、发动机控制系统组成(见图 8 - 9)。

推力室是将液体推进剂的化学能转变成推进力的重要组件。它由推进剂喷嘴、燃烧室、喷管组件等组成。推进剂通过喷注器注入燃烧室,经雾化,蒸发,混合和燃烧等过程生成燃烧产物,以高速(2 500~5 000 m/s)从喷管中冲出而产生推力。燃烧室内压力可达 20 大气压(约200 MPa)、温度 3 000~4 000 ℃,故需要冷却。

推进剂供应系统的功用是按要求的流量和压力向燃烧室输送推进剂。按输送方式不同,有挤压式(气压式)和泵压式两类供应系统。挤压式供应系统是利用高压气体经减压器减压后

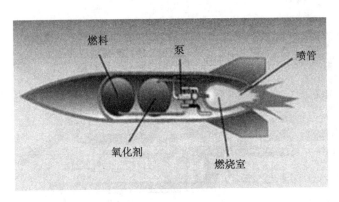

图 8-9　液体火箭发动机

（氧化剂、燃烧剂的流量是靠减压器调定的压力控制）进入氧化剂、燃烧剂贮箱，将其分别挤压到燃烧室中。挤压式供应系统只用于小推力发动机。大推力发动机则用泵压式供应系统，这种系统是用液压泵输送推进剂。

发动机控制系统的功用是对发动机的工作程序和工作参数进行调节和控制。工作程序包括发动机启动、工作、关机三个阶段，这一过程是按预定程序自动进行的。工作参数主要指推力大小、推进剂的混合比。

液体火箭发动机的优点是比冲高（250～500 s），推力范围大（单台推力在 1 克力（9.8×10^{-3} N）～700 吨力（6.86×10^6 N）），能反复启动、能控制推力大小、工作时间较长等。液体火箭发动机主要用作航天器发射、姿态修正与控制、轨道转移等。

8.3.3　其他能源的火箭发动机

1. 电火箭发动机

电火箭发动机是利用电能加速工质，形成高速射流而产生推力的火箭发动机。与化学火箭发动机不同，这种发动机的能源和工质是分开的。电能由飞行器提供，一般由太阳能、核能、化学能经转换装置得到。工质有氢、氮、氩、汞、氨等气体。按加速工质的方式不同，电火箭发动机有电热火箭发动机、静电火箭发动机、电磁火箭发动机三种类型。

电火箭发动机具有极高的比冲（700～2 500 s）、极长的寿命（可重复启动上万次、累计工作可达上万小时）。但产生的推力小于 100 N。这种发动机仅适用于航天器的姿态控制、位置保持等。

2. 核火箭发动机

核火箭发动机用核燃料作能源，用液氢、液氮、液氨等作工质。核火箭发动机由装在推力室中的核反应堆、冷却喷管、工质输送系统和控制系统等组成（见图 8-10）。在核反应堆中，核能转变成热能以加热工质，被加热的工质经喷管膨胀加速后，以 6 500～11 000 m/s 的速度从喷口排出而产生推力。核火箭发动机的比冲高（250～1 000 s），寿命长，但技术复杂，只适用于长期工作的航天器。这种发动机由于核辐射防护、排气污染、反应堆控制，以及高效热能交换器的设计等问题未能解决，至今仍处于试验之中。此外，太阳加热式和光子火箭发动机尚处于理论探索阶段。

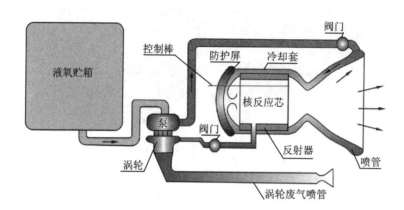

图 8-10　具有固体堆芯核裂变反应器的核火箭发动机原理图

8.4　冲压发动机

冲压喷气发动机是一种利用迎面气流进入发动机后减速，使空气提高静压的一种空气喷气发动机。它通常由进气道（又称扩压器）、燃烧室、推进喷管三部分组成（见图 8-11）。冲压发动机没有压气机（也就不需要燃气涡轮），所以又称为不带压气机的空气喷气发动机。

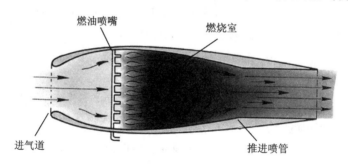

图 8-11　冲压发动机

这种发动机压缩空气的方法是靠飞行器高速飞行时的相对气流进入发动机进气道中减速，将动能转变成压力能（例如，进气速度为 3 倍声速时，理论上可使空气压力提高 37 倍）。冲压发动机工作时，高速气流迎面向发动机吹来，在进气道内扩张减速，气压和温度升高后进入燃烧室与燃油（一般为煤油）混合燃烧，将温度提高到 2 000～2 200 ℃ 甚至更高，高温燃气随后经推进喷管膨胀加速，由喷口高速排出而产生推力。冲压发动机的推力与进气速度有关，如进气速度为 3 倍声速时，在地面产生的静推力可以超过 200 kN。

冲压发动机的构造简单、质量轻、推重比大、成本低。但因没有压气机，不能在静止的条件下启动，所以不宜作为普通飞机的动力装置，而常与别的发动机配合使用，成为组合式动力装置，如冲压发动机与火箭发动机组合，冲压发动机与涡喷发动机（或涡扇发动机）组合等。安装组合式动力装置的飞行器，在起飞时开动火箭发动机、涡喷或涡扇发动机，待飞行速度足够使冲压发动机正常工作时，再使用冲压发动机而关闭与之配合工作的发动机；在着陆阶段，当飞行器的飞行速度降低至冲压发动机不能正常工作时，又重新启动与之配合的发动机。如果冲压发动机作为飞行器的动力装置单独使用,则这种飞行器必须由其他飞行器携带至空中并具有一定速度时,才能将冲压发动机启动后投放。冲压发动机或组合式冲压发动机一般用于导弹和超声速或亚声速靶机上。

8.4.1　冲压发动机的类型

根据燃料的形式,冲压发动机分为固体冲压发动机和液体冲压发动机两大类。

1. 固体冲压发动机

冲压发动机采用的固体燃料称为贫氧推进剂,又称富燃料推进剂,是特种固体推进剂的一种。其主要特点是氧化剂含量比常规固体火箭推进剂低,作为燃料的黏合剂和添加剂的含量相对较大。表 8-2 所列为不同种类贫氧推进剂的性能参数。

表 8-2　各类贫氧推进剂性能

类　别	热值/$(MJ \cdot kg^{-1})$	密度/$(kg \cdot m^{-3})$	比冲/$(N \cdot s \cdot kg^{-1})$
镁贫氧推进剂	20~23	1 600~1 700	6 000~7 000
含硼贫氧推进剂	29~36	1 650~1 700	9 000~10 000
碳氢贫氧推进剂	约 33	约 1 050	约 10 000

2. 液体冲压发动机

液体冲压发动机采用高密度、高体积热值的烃类液体燃料。与普通喷气燃料相比,烃类液体燃料能有效提高燃料单位体积的热值,在燃料箱容积一定时,能有效地增加导弹所携燃料的能量,降低发动机的油耗比,从而满足导弹航速和远射程的要求;或在导弹航速和射程不变的情况下,减小发动机燃料箱容积,使导弹小型化,从而提高导弹的机动性和突防能力。

表 8-3 所列为冲压发动机可用的喷气燃料主要特性。

表 8-3　冲压发动机可用的喷气燃料主要特性

项　目	JP-4	JP-5	RJ-4	RJ-4I	JP-9	JP-10	JP-7	JP-8
平均分子式	$C_{85}H_{189}$	$C_{10}H_{19}$	$C_{12}H_{20}$	$C_{12}H_{20}$	$C_{10.0}H_{10.2}$	$C_{10}H_{10}$	$C_{12}H_{25}$	$C_{11}H_{21}$
平均分子量	133	139	164	164	143	136	169	163
C:H	0.50	0.53	0.60	0.60	0.65	0.62	0.48	0.52
比重	0.77	0.83	0.94	0.94	0.94	0.94	0.79	0.81
冰点/℃	<-72	<-51	<-40	<-65	<-65	<-110	-44	-51
闪电/℃	-28.9	65.6	65.6	65.6	21.1	54.4	60	52.7
黏度/(-40℃,cSt)	4.5	17	60	28	24	19	—	—
热值/(MJ/L)	32.9	34.8	39.0	38.5	39.6	39.6	—	—

按应用范围划分,冲压发动机分为亚声速、超声速、高超声速三类。

1. 亚声速冲压发动机

亚声速冲压发动机使用扩散形进气道和收敛形喷管,以航空煤油为燃料。飞行时增压比不超过 1.89,飞行马赫数小于 0.5 时一般不能正常工作。亚声速冲压发动机用在亚声速航空器上,如亚声速靶机。

2. 超声速冲压发动机

超声速冲压发动机采用超声速进气道（燃烧室入口为亚声速气流）和收敛形或收敛扩散形喷管，用航空煤油或烃类燃料。超声速冲压发动机的推进速度为亚声速到6倍声速，用于超声速靶机和地对空导弹（一般与固体火箭发动机相配合）。

3. 高超声速冲压发动机

这种发动机燃烧在超声速下进行，使用碳氢燃料或液氢燃料，飞行马赫数高达 $5\sim16$，目前高超声速冲压发动机正处于研制中。由于超声速冲压发动机的燃烧室入口为亚声速气流，故也有人将前两类发动机统称为亚声速冲压发动机，而将第三种发动机称为超声速冲压发动机。

目前，冲压发动机主要有三种装备用途：

① 超声速飞机：主要用作歼击机与轰炸机的动力装置。例如正在研究中的一种，是把冲压式发动机与涡轮喷气发动机组合使用，后者放在冲压发动机的进气道内。起飞时使用涡轮喷气发动机，冲压发动机在 $Ma=0.4$ 时启动，设计的飞行速度为声速的4倍（$Ma=4$）。此外还有一种在研究中的轰炸机，其设计飞行速度为 $Ma=4$，巡航高度 $H=30\,000$ m，最大航程为 $16\,000$ km，目前尚未获得成功。

② 洲际飞航导弹：由于冲压发动机可在高速下飞行，并且经济性很好，作为远程导弹，无论从军事上或经济上来考虑都很好，因此各国都在积极的从事研究。有一种正在研究中的洲际飞航导弹，其飞行速度为声速的 $3.0\sim3.5$ 倍，高度为 $21\sim24$ km，航程大于 $8\,000$ km。

③ 中程近程导弹：在射程从几十千米到 $2\,400$ km 范围内的中程及近程导弹上，目前经常采用冲压发动机。这种导弹可以是地对地，空对空，也可以是地对空。例如有一种装有冲压式发动机的地对地导弹飞行速度 $Ma=3.5$，飞行高度24 km，航程 $2\,400$ km。另一种空对空导弹从歼击机发射，可以用来攻击轰炸机或其他飞机，速度是声速的3倍。还有一种正在生产中的防空导弹，由地面发射，速度为 $Ma=2\sim2.5$。这些导弹均采用冲压式发动机作为动力装置。

此外，为了训练歼击机及导弹武器射击用的超声速靶机，使用冲压发动机也是非常经济的，这是因为这种发动机成本比其他发动机要低得多。

8.4.2　超燃冲压发动机

超燃冲压发动机是燃烧室内气流速度为超声速的冲压发动机，适用于马赫数为 $6\sim25$ 的速度范围，是高超声速航空器、跨大气层飞行器和可重复使用空间发射器的推进装置。

1. 超燃冲压发动机的类型

经过多年的发展，国外已研究设计过多种超燃冲压发动机的方案。主要包括普通超燃冲压发动机、亚燃/超燃双模态冲压发动机、亚燃/超燃双燃烧室冲压发动机、吸气式预燃室超燃冲压发动机、引射超燃冲压发动机、整体式火箭液体超燃冲压发动机、固体双模态冲压发动机和超燃组合发动机等。其中，双模态冲压发动机和双燃烧室冲压发动机是研究最多的两种类型。

（1）双模态冲压

亚燃/超燃双模态冲压发动机是指可以在亚燃和超燃冲压两种模式下工作的发动机。当发动机的飞行马赫数低于 6 时,在超燃冲压发动机的进气道内产生正激波,实现亚声速燃烧;当马赫数大于 6 时,实现超声速燃烧,使超燃冲压发动机的马赫数下限降到 3,扩展了超燃冲压发动机的工作范围。

(2) 双燃烧室冲压

对于采用碳氢燃料的超燃冲压发动机来说,当发动机在马赫数为 3~4.5 范围工作时,会发生燃料不易着火的问题。为解决这一问题,人们提出了亚燃/超燃双燃烧室冲压发动机概念。这种发动机的进气道分为两部分:一部分引导部分来流进入亚声速燃烧室,另一部分引导其余来流进入超声速燃烧室。突扩的亚声速燃烧室起超燃燃烧室点火源的作用,使低马赫数下,燃料的热量得以有效释放。由于亚燃预燃室以富油方式工作,故不存在亚燃冲压在贫油条件下的燃烧室-进气道不稳定性。这种方案技术风险小,发展费用较低,较适合巡航导弹这样的一次性使用的飞行器。

2. 超燃冲压与亚燃冲压工作范围的比较

在高超声速飞行时,飞行器动力装置应该使用超燃冲压,而在较低飞行马赫数时,亚燃冲压有它的优越性。为了了解超燃冲压的工作范围,现将超燃冲压与亚燃冲压的热力循环进行分析与比较。

超燃冲压的热力循环可以用温熵图表示(见图 8-12),图上点 H 表示发动机进口的空气流状态,即大气压力与大气温度,相对于发动机的空气流速度即飞行速度为超声速。通常进口气流在扩压器中减速,但仍为超声速,它的过程如曲线 $\widehat{H1}$ 所示,压缩过程的熵增量直接与总压损失有关。曲线 $\widehat{14}$ 是等动量线,称为雷莱线,它表示无摩擦等面积管内的加热过程。雷莱线的上分支相当于亚声速加热过程,下分支为超声速加热过程。沿雷莱线超声速分支加热气流,则气流的静压和静温均上升,而马赫数下降。曲线以下面积直接比例于加热量,应为

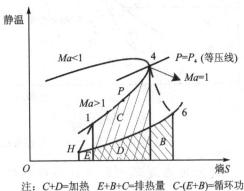

注:$C+D$=加热 $E+B+C$=排热量 $C-(E+B)$=循环功

图 8-12 冲压热力循环图

混气油汽比的函数,燃烧过程可以在点 P 终止,如果点 P 的油汽比没有达到恰当油汽比,则可以继续加热,一直到雷莱线上的最大熵增量点 4,在此点上 $Ma=1$;若再继续加热,则发生热堵塞,燃烧室内产生正激波,使得燃烧室进口条件发生变化,因此最大加热量可以用图中面积 $C+D$ 表示,燃气在尾喷管内膨胀,由于摩擦使熵继续增加,该过程如曲线 $\widehat{46}$ 所示,发动机循环总排热量可以设想为等压线 $\widehat{6H}$ 以下的面积,即排热量正比于面积 $E+B+D$。发动机循环功为面积 $C-(E+B)$,则发动机热力循环效率等于 $[C-(E+B)]/(C+D)$。

图 8-13(a)和(b)为超燃冲压和亚燃冲压热力循环的比较,系用总温、静温与熵的关系说明。假设两个发动机超声速扩压过程曲线 $\widehat{H1}$ 相同,超燃冲压燃烧过程沿曲线 $\widehat{1P4}$ 变化,亚燃冲压必须经过正激波继续增压,用曲线 $\widehat{11'}$ 表示;在正激波后,气流继续以亚声速扩压,这个过程用曲线 $\widehat{1'2'}$ 表示,燃烧过程沿曲线 $\widehat{2'Q4'}$ 变化,可以用总温增量表示加热量,如图 8-13(a)

所示,在亚声速气流中加热比在超声速流中加热熵增量要小,所以亚燃冲压总温变化曲线较陡,在给定的熵增量下可以加入更多的热量。超燃与亚燃冲压加热曲线在点 Q、P 相交,如果限制加热量使出口总温只达到 T_P,这时两种发动机可产生相同的推力,假设尾喷管效率相同,则两者总效率亦相同。假若限制出口总温小于 T_P,则超燃冲压有较小的熵增量,进入尾喷管的燃气则有较高的总压,能产生较大的推力,同时由于循环温度低,也有利于发动机的热结构强度。反之,如果允许出口总温高于 T_P,则亚燃冲压性能优于超燃冲压,然而应当指出,在相同总温 T_P 下,亚燃冲压的燃气静温远远高于超燃冲压,如图 8-13(b)所示,使得亚燃冲压热分解损失较大,根据上述分析,由发动机各部件的效率计算出亚燃冲压和超燃冲压总效率,结果大致在 $Ma<6$ 时,亚燃冲压性能优于超燃冲压,而在 $Ma>6$ 时,则超燃冲压性能居于领先地位。

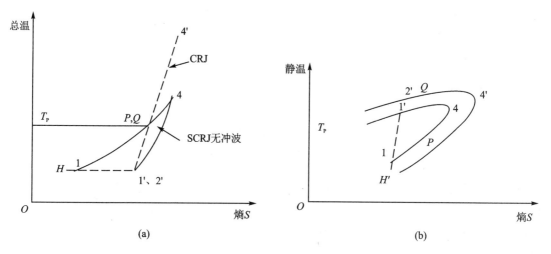

图 8-13　超燃与亚燃冲压热力循环比较

3. 超燃冲压发动机的工作原理与构造及其特点

（1）超燃冲压发动机的工作原理与构造

冲压发动机的工作原理如图 8-14 所示。超声速气流进入发动机燃烧室与燃料混合点燃,燃烧后的气流经尾喷管喷出产生推力。

与亚燃冲压相比,前体与进气道可以吸入更多的空气,并使之滞止,提高气流的静压与静温,超燃冲压进气道中没有正激波,气流的滞止在斜激波系中进行。图 8-15(a)所示为发动机模块结构,图中模块侧壁被剖开以显示模块内部结构。发动机迎面气流经过飞行器下表面,在垂直方向压缩后,进入发动机模块的进气道。模块下方外罩做成楔形板,侧壁是后掠形的,侧壁结构可以在水平方向继续压缩进口空气。随着飞行速度的变化,飞行器的迎角有所

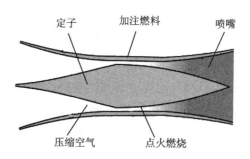

图 8-14　超燃冲压发动机工作原理图

改变,楔形的外罩和后掠形的侧壁可以自动调节气流量,并且减少流场进口气流角度的变化。

这种几何形状固定的超燃冲压进气道性能,接近于可调式进气道,而且结构简单、质量轻,省略了复杂的进气道面积调节系统。每个模块由四部分组成:顶壁、外壳、侧壁及三个氢喷射支板。两个侧面支板互相对称,他们的弦长是中间支板弦长的 3/2,如图 8-15(b)所示。支板的堵塞比即支板横截面积与喉道横截面积之比,约为 60%。气流在后掠支板处完成最后的压缩过程,后掠支板缩短了进气道的长度。利用后掠支板还可以沿轴向和横向设置许多燃料喷嘴,从而也缩短了燃烧室的长度。

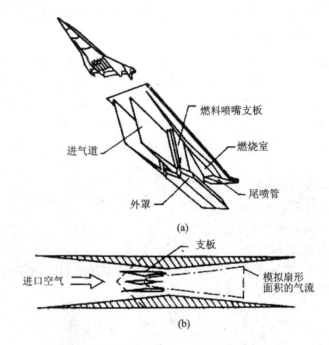

图 8-15　超燃冲压发动机模块简图

　　燃烧室的作用是把化学能转化为热能。与亚燃冲压不同,超燃冲压燃烧室内没有喷嘴环、预燃室或其他的点火装置,以及火焰稳定器。超燃冲压燃烧室是一个自由通道,在燃烧室内支板壁面,沿发动机轴向和横向设置许多氢气喷嘴,氢气以平行或垂直于超声速气流的方向喷射。当 $Ma > 6$ 时,燃烧室进口静温已经超过氢-空气混气的自燃温度,因此氢气从喷嘴中喷射出来以后,就会自动着火、稳定燃烧。

　　供氢规律应该按照飞行状态进行设计,尤其在燃烧室进口马赫数较低时,如果在一个位置上燃料供应过大,将引起流场强烈的扰动甚至热堵塞。理论分析表明,在等截面管中向超声速气流加热,则气流马赫数降低。若继续增大加热量在出口会出现临界状态。为了提高热效率,向气流加入尽可能多的热量,燃烧室面积沿轴向必须扩张,亦即在等截面燃烧室后面连接一个扩张段,以避免继续加热时发生热堵塞。

　　(2) 超燃冲压发动机的特点

　　超燃冲压发动机具有以下特点:

　　① 超燃冲压发动机具有结构简单、质量轻、成本低、比冲(单位质量流量推进剂产生的推力)高和速度快的优点。与火箭发动机相比,超燃冲压发动机无须携带氧化剂。因此,有效载荷更大,适用于高超声速巡航导弹、高超声速航空器、跨大气层飞行器、可重复使用的空间发射

器和单级入轨空天飞机。由于有重要的军事和航空航天应用前景,超燃冲压发动机备受世界各国重视。高昂的试验费用是制约超燃冲压发动机研制的主要因素之一。

② 超燃冲压发动机的缺点是在静止状态下不能自行启动,须用助推方法将其推进到一定速度后才能有效工作,且其低速性能不好。

尽管超燃冲压发动机具有结构简单、质量轻、推重比大等优点,是高超声速飞行器的最佳吸气式动力,但由于其没有压气机,因此不能独立完成从起飞到高超声速飞行的全过程,一般要与其他发动机配合使用,成为组合式动力装置,如火箭/超燃冲压发动机的组合。

4. 超燃气冲压的推力和比冲

发动机的推力是决定飞行器的飞行速度、高度以及爬升率等的最主要的参数之一。

与其他吸气式动力装置一样,研究超燃冲压的推力 F 就是分析在不同飞行高度 H 和速度 Ma 数的条件下,在不同工作状态下发动机产生的推力。根据气体动力学定理,超燃冲压的推力 F 公式可以写成

$$F = q_a[(1+f)u_6 - u_0]/g \tag{8-1}$$

式中,$f = q_f/q_a$;

q_a——发动机的空气质量流量,kg/s;

q_f——发动机的氢气质量流量,kg/s;

u_6——尾喷管出口截面的平均速度,m/s;

u_0——飞行器飞行速度,m/s。

超燃冲压的比冲 I_f 即为发动机在每秒消耗 1 kg 流量的燃料时,所产生的千克推力,其定义显然表征了发动机的经济性。由式(8-1)可得到

$$I_f = \frac{F}{q_f} = \left[\left(\frac{1}{f}+1\right)u_6 - \frac{1}{f}u_0\right]/g \tag{8-2}$$

以上两式可以评价其他各种吸气式发动机或火箭发动机的性能。

8.5 脉冲爆震发动机

对于推进系统而言,燃烧是一个非常重要的过程,它通过化学反应将燃料的化学能转变为工质的热能,然后再转变成动能并产生推力。一般来说,自然界中存在两种燃烧波:一种是缓燃波,另一种是爆震波。缓燃波通常以相对较低的亚声速向未燃混合物传播,其主要受层流或湍流的质量和热量扩散控制。现有的基于燃烧的动力装置主要采用常规的缓燃燃烧模型,其燃烧过程近似于等压燃烧,如燃气轮机、涡轮喷气发动机和常规火箭发动机等。该技术已经到了一个相当成熟的阶段,如果要进一步提高其性能,只能依赖于新材料的发展。而爆震燃烧作为新的燃烧方式具有非常明显的优势,例如热循环效率高、燃烧效率高、传播速度快和推进性能好等。

8.5.1 脉冲爆震发动机的概念

脉冲爆震发动机(Pulse Detonation Engine,PDE)是利用脉冲爆震波产生的周期性冲量的非定常推进系统。根据自身是否携带大气,它可以分为吸气式脉冲爆震发动机和火箭式脉冲爆震发动机(Pulse Detonation Rocket Engine,PDRE)。

　　爆震波的起始可以通过多种方式实现,目前使用较多的分别是直接起爆、缓燃向爆震转变
(Deflagration to Detonation Transition,DDT)和激波聚焦起爆(Shock to Detonation Transition,SDT)这三种起爆方式。直接起爆需要一个点火源能够驱动一股足够强劲的爆炸波,使得可燃混合物直接形成爆震波,因此需要很大的点火能量,对于碳氢燃料需要 10^5 J 以上的能量。DDT 是以相对较低的点火能量使可燃混合物形成缓燃波,缓燃波通过与受激波压缩的反应物、反射激波、固体障碍物等的相互作用加速形成爆震波。而 SDT 则是在特殊来流条件和结构中通过激波之间的聚焦产生局部的高温高压区域来起始爆震波。

8.5.2　脉冲爆震发动机的基本工作过程

　　脉冲爆震发动机可以分为火箭式脉冲爆震发动机和吸气式脉冲爆震发动机。它们的基本工作过程是相似的,所不同的是火箭式脉冲爆震发动机需要自带氧化剂。

　　图 8-16 所示为脉冲爆震发动机基本工作过程,它由几个分过程构成。

　　其详细的循环过程解释如下:

　　① 填充隔离气体,以防止新鲜可燃混合物与燃烧产物接触时过早燃烧。

　　② 可燃混合物填充过程:如图 8-16 所示,爆震室前端封闭的阀门打开,可燃混合气体由此流入管内并到充满爆震室为止,关闭爆震室封闭端。

　　③ 点火。

　　④ 爆震波的起爆、形成及其传播过程:如图 8-16 所示,在封闭端或其附近点火,点火节奏必须与可燃混合气体的填充时间很好匹配,否则会造成燃料浪费或者降低爆震波强度。被点着的可燃混合气体开始以爆燃形式燃烧,待从封闭端反射回来的一系列压缩波赶上向开口端传播的压缩波后,经不断地加强从而形成稳定的 C-J 爆震波。由于封闭端的法向速度为零,因此爆震波后紧跟着一束膨胀波。

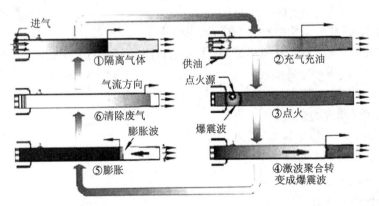

图 8-16　脉冲爆震发动机基本工作过程

　　⑤ 爆震波从开口端传出,膨胀波反射进爆震室内:当爆震波离开管口时,爆震室内充满了高温、高压燃气,并以很快的速度向外排出,此时在管口不断产生膨胀波并向管内传播。

　　⑥ 爆震燃烧产物排出:在膨胀波的作用下,经一段时间后,爆震室内气体参数与外界环境气体参数达到平衡。

　　当爆震室内的压力低于燃料空气喷射压力时,以上循环过程重复进行。

纯火箭式 PDE 由爆震室、推力壁、燃料氧化剂喷射系统、流量控制系统、增压燃油氧气储存系统、爆震起爆和频率控制系统、辅助电源系统等组成。

8.5.3　脉冲爆震发动机的潜在优点

由于爆震燃烧过程具有很高的燃烧速度和反应物转换速率,脉冲爆震发动机相对于以缓燃为基础的发动机具备以下潜在优点,其中最重要的一点是它具有更高的热循环效率,这是由于爆震过程非常接近等容燃烧过程。

相对于其他推进系统,脉冲爆震发动机的最大优点是结构比较简单,而且可成比例地放大或缩小。脉冲爆震发动机不需要压气机对来流进行预压缩,因而也不需要涡轮做功,在起飞时也不需要助推器起飞,这样就极大地降低了结构的复杂性和发动机的研制成本。

脉冲爆震发动机具有以下潜在优点:

① 热循环效率高(等压热循环效率为 27%,等容热循环效率为 47%,爆震热循环效率为 49%)。

② 由于没有压气机、涡轮等转动部件,其结构简单、质量轻、推重比大(大于 20),比冲高(大于 2 100 s)。

③ 单位燃料消耗率 sfc 低(<1),当飞行马赫数 $Ma=1$ 时,等容循环的 sfc 为等压循环的 36%,爆震循环的 sfc 为等压循环的 29%)。

④ 工作范围宽,可在飞行马赫数 $Ma=0\sim10$、飞行高度 $H=0\sim50$ km 的条件下工作。推力可调,其范围为 $5\sim500\ 000$ N。与冲压发动机不同,它可在地面启动。

⑤ 使用自由来流或机载氧化剂,能分别以吸气式发动机或火箭发动机方式工作。

⑥ 不同于脉动式喷气发动机,脉动发动机中火焰以亚声速传播,燃烧室压力低,比冲低,单位燃料消耗率较高。而脉冲爆震发动机中爆震波以超声速传播,燃气压力高,比冲高,单位燃料消耗率较低。

⑦ 工作可靠,相对于涡轮喷气发动机,噪声较小。

⑧ 由于采用间隙式循环,壁温不高,故可采用普通的材料;由于无高速旋转部件,故加工相对简单,投资不大,相对容易实现。

脉冲爆震发动机主要用于以下装置或器件:

① 无人驾驶飞机动力装置;

② 靶机、引诱飞机、假想目标、靶弹动力装置;

③ 高超声速隐身侦察机动力装置;

④ 远程导弹;

⑤ 战略飞机动力装置;

⑥ 微型动力系统;

⑦ 脉冲爆震内燃机。

8.6　组合式发动机

组合发动机就是由两种发动机组合而成的发动机。发展组合发动机的目的在于使飞行器在不同的飞行条件下都能得到良好的推进性能。

通常可用的组合发动机有三种：

① 火箭冲压发动机：用火箭发动机作为冲压发动机的高压燃气发生器，它可以在较大的空气燃料比范围内工作，适宜于超声速飞行。

② 涡轮冲压发动机：由涡轮喷气发动机（或涡轮风扇发动机）与冲压发动机组合而成，前者的加力燃烧室同时也是后者的燃烧室。涡轮冲压发动机兼有涡轮喷气发动机在小马赫数时的高效率和冲压发动机在马赫数大于 3 时的优越性能。

③ 涡轮火箭发动机：用火箭发动机作为涡轮喷气发动机的燃气发生器，它的单位迎面推力大，但耗油率高。

此外，还有液压蒸汽火箭涡轮发动机、带液化空气的火箭涡轮发动机等。

思考题

1. 简述无刷电动机动力系统的组成。
2. 简述火箭发动机的原理。
3. 简述多电发动机的结构组成。
4. 简述超燃冲压发动机的特点。
5. 简述脉冲爆震发动机的优点与应用方向。

附录

通用航空发动机机型介绍

下面针对常见类型的航空发动机分别介绍几款具体的型号,以配合前面通用航空发动机原理和结构的学习。

F.1 活塞式发动机

F.1.1 莱康明 360 系列

概况介绍:德事隆·莱康明发动机公司研制的莱康明 360 系列发动机主要用于通用飞机市场。该系列发动机部分型别的燃油系统采用了电喷技术,部分型别配有涡轮增压器。用途主要为:赛斯纳飞机公司赛斯纳 172、派珀飞机公司 PA28 - 201,PA44 - 180 等通用飞机。现已经大量安装在自制飞机、塞斯纳、格鲁曼和派珀切诺基等飞机上。图 F-1 和图 F-2 所示为莱康明 360 活塞式发动机及其剖视图。

图 F-1 莱康明 360 活塞式发动机

图 F-2 莱康明 360 活塞式发动机剖视图

生产现状:生产中。

特点:该系列发动机是 4 冲程汽油活塞式发动机,主要包括水平对置、四汽缸、空气冷却、直接驱动螺旋桨等设计特征。汽缸是传统的空气冷却结构,头部是由铝合金铸造而成,该系列发动机的额定功率范围为 107~132 kW。

进气装置:TIO - 360 系列配有涡轮增压器,其他型别为自然吸气式。

汽缸:传统空气冷却结构,缸体头部为铝合金铸造,机械加工成形燃烧室。缸体内筒磨削制成冰使用了特定的抛光工艺,渗氮表面硬化合金钢汽缸筒。

排气系统:使用了铬改性耐热镍合金钢排气阀导向装置。

燃油系统:IO-360 和 TIO-360 系列配有燃油喷射系统,燃油在进口端雾化。

滑油系统:可选装旋转或遥控滑油过滤器。

启动系统:可选装轻质量启动器。

点火系统:可选装电子点火器或磁电机。

相关参数介绍如下:

排量:5 899 cm^3

缸径:130 mm

冲程:111 mm

F.1.2 HS6

概况介绍:活塞 6 发动机(见图 F-3)是中国南方航空工业(集团)有限公司研制生产的活塞式航空发动机,1962 年 6 月设计定型并开始小批生产,1966 年停产,累计生产 899 台。活塞 6 配装于初教 6 初级教练机。在活塞 6 的基础上,通过提高发动机转速、压缩比、进气压力等措施,提高发动机功率,改型为活塞 6A 发动机,1965 年 12 月实现设计定型,1966 年 4 月发动机投入批生产。

图 F-3 活塞 6 发动机

生产现状:仅生产活塞 6A 发动机,其他型别已停产。

　　机匣:由减速机匣、曲轴止推轴承前盖、中机匣、混合气收集器、后盖 5 部分组成。减速机匣内装有减速器及螺旋桨调速器传动装置。

　　汽缸:汽缸固定在中机匣上,汽缸头上铸有水平和垂直的散热片。汽缸头的上方有 2 个摇臂室,摇臂室内分别装有进、排气门摇臂,进、排气门,气门弹簧及弹簧压盘。

　　活塞:铝合金锻件,装在汽缸内。

　　减速器:游星齿轮式。它由螺旋桨轴、主动齿轮、三个游星齿轮、固定齿轮组成。螺旋桨轴的头部有花键,用以安装螺旋桨。

　　增压器:单速机械传动的离心式增压器,由混合气收集器、增压叶轮、扩散器、传动机构等组成。

　　活塞 6 系列发动机的主要型别:

　　活塞 6 起飞功率 191 kW,用于初教 6 飞机。

　　活塞 6A 改进型,起飞功率 210 kW,用于初教 6 教练机。压缩比由原机的 5.9 改为 6.2。

　　活塞 6B 改进型,起飞功率 198 kW,用于高原机场飞行训练。

　　活塞 6C 改进型,起飞功率 202 kW,用于延安二号轻型直升机。

　　活塞 6K 改进型,起飞功率 274 kW,用于农 5 飞机。1987 年开始研制工作,1992 年 5 月取得了中国民用航空局颁发的型号合格证。

　　相关参数介绍如下:

　　起飞功率≤5 min

　　活塞 6:191 kW

　　活塞 6A:210 kW

　　活塞 6B:198 kW

　　活塞 6C:202 kW

　　活塞 6K:294 kW

　　最大连续功率

　　活塞 6:162 kW

　　活塞 6A:199 kW

　　活塞 6B:191 kW

　　活塞 6C:199 kW

　　活塞 6K:276 kW

　　最大连续耗油率

　　活塞 6:0.326~0.347 kg/(kW·h)

　　活塞 6A:0.347~0.367 kg/(kW·h)

　　活塞 6B:0.247~0.367 kg/(kW·h)

　　活塞 6C:0.347~0.367 kg/(kW·h)

　　活塞 6K:0.333~0.367 kg/(kW·h)

　　压缩比

　　活塞 6:5.9

活塞 6A/6B/6C:6.2

活塞 6K:7.2

干质量

活塞 6/6A/6B/6C:200 kg

活塞 6K:210 kg

F.2　涡轮喷气发动机

F.2.1　J69

概况介绍:J69 涡喷发动机是美国大陆公司于 1951 年在按法国透博梅卡公司专利仿制马波尔Ⅱ型发动机的基础上研制出来的一种小型涡轮喷气发动机(见图 F-4)。大陆公司通过自己的研制,将其发展为两个系列的发动机,即使用于教练机上的长寿命型发动机和用于靶机及各种用途的无人驾驶飞机上的短寿命型发动机。J69 涡喷发动机剖视图如图 F-5 所示。

图 F-4　J69 涡喷发动机

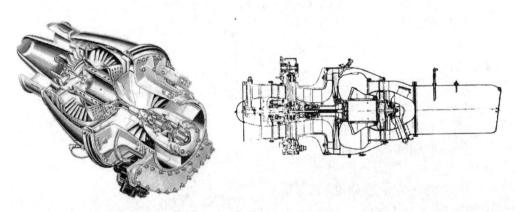

图 F-5　J69 涡喷发动机剖视图

生产现状:2003 年批生产结束。

特点:短寿命型的发动机初期结构与寿命型的相同,但工作参数较高,推力较大。靶机及无人驾驶侦察机用的发动机翻修间隔时间为 18 h。

J69 发动机主要型别:

J69 - T - 9 用于初级喷气教练机 T - 37A。

J69 - T - 25 用于初级教练机 T - 37A/B/C。

J69 - T - 29 用于 BQM - 34A/S 靶机。

J69 - T - 41A 用于 BQM - 34A。

J69 - T - 406 用于 BQM - 34E/F/T 超声速无人驾驶飞。

进气装置:环形。无进口导流叶片。镁合金铸造机匣。进气锥用三个与径向线成 18°的支板支承。

压气机:J69 - T - 25 只有 1 级离心式压气机,其他各型别均为 1 级轴流式加 1 级离心式组合式压气机。离心叶轮的径向扩压器由板件焊成,轴向扩压器则由高温铝合金精铸而成。

燃烧室:短环形。整体的钢制机匣。火焰筒用 InX 材料制成。燃油通过前后两排油孔甩入燃烧室。

涡轮:1 级轴流式。25 个气冷导向器叶片可单独更换。转子叶片不冷却,用 Waspaloy 合金精铸。机匣材料为不锈钢。

尾喷管:简单收敛不可调喷管。喷口相对于发动机轴线向下倾斜 7°。内锥体与涡轮机匣后部相连接。

相关参数介绍如下:

最大起飞推力:

J69 - T - 9   410 daN

J69 - T - 25   450 daN

J69 - T - 29   750 daN

J69 - T - 41A   850 daN

J69 - T - 406   850 daN

起飞耗油率:

J69 - T - 25   1.162 kg/(daN·h)

J69 - T - 41A   1.12 kg/(daN·h)

J69 - T - 406   1.12 kg/(daN·h)

推重比:

J69 - T - 25   2.78

J69 - T - 29   4.97

J69 - T - 41A   5.45

J69 - T - 406   5.31

最大空气流量:

J69 - T - 25   8.98 kg/s

J69 - T - 29   13 kg/s

J69 - T - 41A   13.5 kg/s

总增压比:

　　J69 - T - 25　　　3.9

　　J69 - T - 29　　　5.3

　　J69 - T - 406　　 5.5

涡轮进口温度:

　　J69 - T - 25　　　788 ℃

　　J69 - T - 29　　　871 ℃

　　J69 - T - 41A　　 954 ℃

干质量:

　　J69 - T - 25　　　165 kg

　　J69 - T - 29　　　154 kg

　　J69 - T - 41A　　 159 kg

　　J69 - T - 406　　 163 kg

F.2.2　WP13

概况介绍:WP13 发动机是在 WP13F 发动机(其剖视图如图 F-6 所示)的基础上,根据飞机附件功率需要进行适应性改进附件机匣设计,主要技术数据与 WP13F 相同。2002 年开始研制,2004 年首飞,2009 年完成设计定型。该款发动机为我国自行研制生产的高级教练机教练-9 提供动力。最大推力 4 400 daN,全加力推力 6 450 daN,推重比 5.59,总增压比 8.9,干

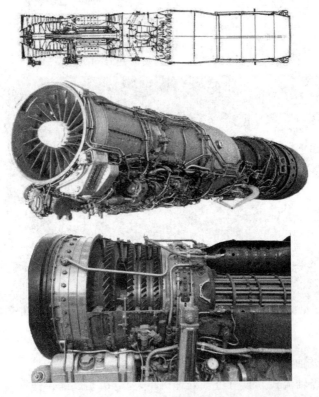

图 F-6　WP13F 发动机剖视图

质量 1 136 kg。该发动机是 WP13F 的一种改型,首翻期 300 h,总寿命 900 h。

生产现状:生产中。

特点:WP13 发动机第一次翻修技术寿命为 300 小时。结构上主要是对压气机进行了大幅改进,发动机的喘振裕度明显提高,低压转子加了轴间轴承,振动小,压气机转子盘和叶片大量使用了钛合金,既减轻了质量又提高了叶片的工作强度,涡喷 13 系列发动机的研制使我国结束了不能研制生产高性能涡喷发动机的历史,虽然其性能及技术还不是特别先进,但却是我国从仿制改型向自行设计制造的重要转变。图 F-7 所示为 WP13 发动机外形,图 F-8 所示为 WP13 发动机压气机。

图 F-7　WP13 发动机外形

图 F-8　WP13 发动机压气机

低压压气机:3 级轴流式。

高压压气机:5 级轴流式。设有进气处理机匣,前 3 级是超跨声速叶型。

燃烧室:环管形。10 个直流式 5 段气膜冷却火焰筒,前段的环形空腔构成扩压器。

高压涡轮:1级轴流式。导向器叶片采用铸造高温合金。转子叶片带冠,WP13B 为带锯齿冠的 DZ4 定向结晶三大冷却孔结构,WP13F 和 WP13A Ⅱ 发动机为带锯齿冠九小孔冷却结构。

低压涡轮:1级轴流式。导向器叶片采用铸造高温合金。转子叶片采用带有箍段箍套结构,WP13F、WP13B 转子叶片采用锯齿冠结构。

加力燃烧室:加力扩散器采用内外两环环形排列、径向连接并固定在火焰稳定器的环形与径向混合式火焰稳定器装置上。WP13、WP13A Ⅱ 采用环形和径向混合式 V 形稳定器。

尾喷管:简单收敛型,喷口面积可调。可调喷口采用铸造密封片和全长全气膜矮波棱弓架固定加筒体的隔热屏。

相关参数介绍如下:

中间推力:4 400 daN

加力推力:6 450 daN

推重比:5.59

加力耗油率:2.05 kg/(daN・h)

空气流量:66~67 kg/s

总增压比:8.9

干质量:1 136 kg

F.3　涡轮风扇发动机

F.3.1　BR725 涡轮风扇发动机

概况介绍:英国罗·罗公司生产的 BR725 型发动机(见图 F-9)的设计基于已成功运转 700 万小时的 BR700 系列发动机,是 BR700 系列发动机中最先进的一款。其先进的科技与杰出的制造工艺使其成为一款全新的商用涡喷发动机。预计在未来 20 年中这款发动机将会带来 140 亿美元的市场份额。该款发动机是湾流 G650 唯一可用发动机。

图 F-9　BR725 涡轮风扇发动机剖视图

生产现状:生产中。

特点:BR725 在继承 BR700 系列发动机优越性的同同时引入了许多新技术和新概念,BR725 的实际性能从湾流 G650 的飞行性能中可见一斑。风扇单元体的改进可为用户带来更大的推力、更低的燃油消耗、更低的噪声和更低的运营成本。与取得巨大成功的 BR710 相比,BR725 的推理更加强大,其燃油消耗率比 BR710 低了 4%,并且其氮的氧化物排放量降低了 21%。由于性能的提升高,BR725 发动机更适用于更大舱室全新级别的高速、超长航程公务机。维修间隔时间的增长和不需要寿命中期检查可以节省维修费用,降低运营成本。

发动机短舱(nacelle):发动机短舱完全是由复合材料制成,全新的设计使得 BR725 具有更大的进气量。

风扇:BR725 的风扇(见图 F-10)由包含三级的低压涡轮驱动,具有增大空气流量、提高效率及低污染物排放的特点。风扇直径 15.24 m(50 ft),由 24 片后掠翼钛合金扇叶组成,具有高气动效率及低噪声的特点。用有使用复合材料制成的风扇出口导向叶片、整体式整流锥以及强化钛合金风扇机匣,这三大技术的使用使得风扇的质量被合理分配。

图 F-10　BR725 涡扇发动机的风扇

压气机:高压压气机包含 10 级,采用了最新的空气动力学技术和整体式叶盘技术,从而提高了压气机性能并减轻了压气机质量。整体式叶盘:整体叶盘是航空发动机的一种新型结构部件,它是将叶片和叶盘通过先进的工艺制成一体,省去常规叶盘连接的榫头和榫槽,使结构大大简化。

燃烧室:BR725 的燃烧室是基于以低污染物排放和长使用寿命而著称的 BR715 设计的新型燃烧室,具有污染物排放量更低、燃烧更充分的特点。

涡轮:RB725 采用双极遮蔽式高压涡轮,在保留其强大性能基础上采用了先进的气动设计并使用了美国最新型材料,从而大幅提高了涡轮效率与使用寿命。主动涡轮叶尖间隙控制:通过使用主动叶尖间隙控制,可以使得在巡航时燃油燃烧得更加充分。

反推系统:新型的反推系统具有更高效率,极大地提升了反推力。寿命与维修:BR725 通过有效的延长维修周期并取消了中期检查,使得发动机维修费用与寿命周期费用大幅下降。

相关参数介绍如下:

推力级别:75.2 kN(16 900 lbf)

最大起飞推力:71.6 kN(16 100 lbf)

起飞状态下的推重比:3.38

巡航单位燃油消耗:0.657 lb/(lbf·h)

噪声(累积):≥4~12 EPNdB

检查维修时间:10 000 h

风扇直径:1270 mm(50 in)

未燃碳氢化物(UHC):20%

NO_x 排放:65%

烟尘:20%

F.3.2 阿杜尔涡扇发动机

概况介绍:阿杜尔发动机(见图 F-11)是英国罗·罗公司和法国透博梅卡公司联合研制的一种双转子涡轮风扇发动机。它是为"美洲虎"教练攻击机设计的。1967 年 5 月首次台架试验,1968 年 9 月在原型机上首次飞行试验,1972 年 2 月 MK101 定型。1972 年 4 月 MK102 定型,并开始批量生产。1970 年 6 月,日本 T-2 教练机和 F-1 战斗机/支援机选用阿杜尔发动机,日本编号为 TF40-IHI-801A。

图 F-11 阿杜尔发动机

生产现状:生产中。

特点:该发动机在设计过程中强调了低空性能和高空超声速性能,只要求使用中短时间加力,但要求巡航时经济性好。设计时采用了先进的气动设计和简单紧凑的结构,易于维护。发动机两侧有观察孔,插入孔探仪可检查低压压气机的前后部及高压压气机前部。回油路中装有屑末探测器，以监视轴承和齿轮的状态。

阿杜尔发动机的主要型别有以下3种：

① MK101是最初生产型。安装在首批40架"美洲虎"上。

② MK804E是MK102的推力增大型，用于"美洲虎"出口型。首批生产型发动机在1975年年中交付给英国航空公司试飞，1967年取证，能与MK102互换安装。

③ MK951是正在研制中的推力更大的改型，用于南非订购的24架"鹰"100战斗/教练机。

进气装置：皮托管式，由风扇机匣向前延伸形成。无进口导流叶片或径向支柱。

风扇：早起的MK871发动机，2级风扇采用铝合金叶片。后期的MK871第2级采用钛合金叶片。固定的静子叶片和出口导流叶片式钢制的。全长涵道直到加力燃烧室。

高压压气机：5级轴流式，钛合金宽弦叶片，静子叶片是钢制的。

燃烧室：环形燃烧室。有18个气动雾化喷嘴、2个启动燃油喷嘴、2个火花塞及2个激发器。

高压涡轮：1级轴流式，气冷。钢制的涡轮机匣。早期的MK871涡轮叶片采用定向凝固合金材料，后期的MK871涡轮叶片采用单晶合金材料。

低压涡轮：1级轴流式。早期的MK871涡轮叶片采用不带冷却的单晶材料，后期的MK871涡轮叶片采用带冷却单晶材料。

加力燃烧室：阿杜尔发动机有加力型（见图F-12）和不加力型（见图F-13）。加力型的加力燃烧室全程调节，结构紧凑，有4个同心喷油环和蒸发式火焰稳定器。催化点火器设在内火焰稳定器之间。

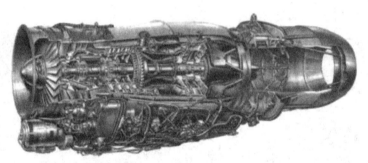

图F-12 阿杜尔带加力型发动机

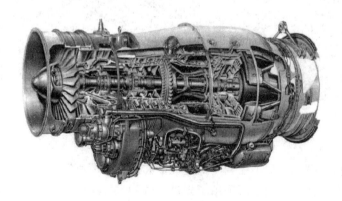

图F-13 阿杜尔不带加力型发动机

尾喷管:收敛-扩张式。4 个作动筒,16 个鱼鳞片,全程可调。

相关参数介绍如下:

加力型推力范围:3 069～3 914 daN

不加力型推力范围:2 001～2 668 daN

最大加力型推力:3 914 daN(阿杜尔 MK106(后期))

巡航耗油率($H=11\ 890$ m,$Ma=0.8$):0.974 kg/(daN·h)(阿杜尔 MK102)

最大推重比:5.16(阿杜尔 MK811/RT172-58)

空气流量:42.5～47.6 kg/s

涵道比:0.75～0.8

总增压比:11

最大直径:762 mm(阿杜尔 MK861/871)

F.3.3　HF120 涡扇发动机

概况介绍:HF120 涡轮风扇发动机(见图 F-14)是通用电气/本田航空发动机公司(GE/本田公司)在 HF118 基础上发展的双转子涡轮风扇发动机,应用对象为低成本的轻型公务机。例如:本田商务机 HondaJet、Spectrum 航空技术公司的 Freedom 公务机。到 2011 年 6 月,已组装了 13 台发动机和 2 台核心机。

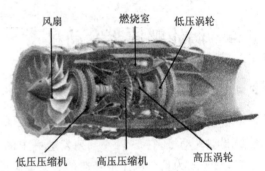

图 F-14　HF120 涡轮风扇发动机

生产现状:研制中。

特点:HF120 发动机大量采用了 GEnx 发动机上的新技术,比 HF118 发动机的质量更轻,并且增加了 1 级压气机用以提高增压比、降低耗油率,同时能够满足 FAR36 部第 4 阶段标准,设计翻新间隔时间为 5 000 h。HF120 发动机在燃油经济性、耐久性、低噪声、低排放等方面树立了全新的性能标准,其技术特点如下:

① 融入先进空气动力学设计技术的整体叶盘,以及复合材料制成的导向叶片;

② 兼顾高压缩比与发动机可操作性的耐热钛合金离心式压缩机叶轮;

③ 采用紧凑的回流式燃烧室,实现发动机体积小型化。采用喷气式燃料喷嘴,优化排放性能;

④ 采用先进材料的高压涡轮及两级低压涡轮和高压及低压转子对转的轴承系统,有效提升空气动力性能。

核心技术:高耐久性,适用于高负荷连续运转;经济可承受性好,低成本维修;超轻型喷气机(LVJ)推力级别的先进成熟技术；使用可靠性高；清晰-低风险的取证计划；环境友好，采用排放和噪声的新标准；外场可更换件(LRU)服务方式，维修快捷。

风扇：1级，16片钛合金宽弦叶片，具有抗外物打伤能力和低噪声特点。

高压压气机：2级轴流加1级离心组合式。

燃烧室：回流形。带有单级空气雾化燃油喷嘴，排放物少，耐久性好。

高压涡轮：1级轴流式，单晶叶片，采用三维气动力设计技术。

低压涡轮：2级轴流式，反转设计，设计上减少零件数目。(建议采用整体叶盘)

相关参数介绍如下：

起飞推力：902 daN

巡航耗油率：<0.714 kg/(daN·h)

推重比：5.17

涵道比：2.9

总增压比：24

最大直径：538 mm

风扇直径：469 mm

长度：1 118 mm

干质量：177.8 kg

F.4　涡轮螺旋桨发动机

F.4.1　PT6A涡桨发动机

概况介绍：PT6A发动机(见图F-15)是加拿大普·惠公司1957年开始研制的一种涡轮螺旋桨型发动机，它是PT6系列发动机中的涡轮螺旋桨型编号。该发动机系列1964年出现以来，已经成为世界应用最普遍的涡轮螺旋桨发动机，所应用的飞机类型和型号比其他任何一种推力级别的发动机都多。在航空市场上有近110种不同的用途，包括通勤机/支线运输机、通用运输机、军用教练机、公务机/专用航空运输和农业飞机。例如：太平洋宇航公司750XL多用途飞机、格罗布宇航空公司G160公务机、AAC A.10教练机、"空中拖拉机"AT-400/402农业飞机、Schweizer B-146D"涡轮农业猫"等各种飞机。

图F-15　PT6A发动机

生产现状:生产中。

特点:空气进口增压室位于发动机的后部,涡轮和排气部分位于发动机的前端。空气进入压气机后转几道弯再进入燃烧室、涡轮,最后排出。尽管经过大量改进,然而该发动机的基本设计还是没有发生变化。为满足变化的需求,该发动机系列有许多改型。改进的内容包括改进材料、改进热端以产生更大的功率,并且可以获得更高的涡轮温度。经过改进,PT6A 的功率已经覆盖了 349~1 047 kW。

PT6A 发动机主要型别如下:

① PT6A - 11,哈尔滨飞机制造公司运 12 - 4。

② PT6A - 11AG,主要用于农业飞机。1979 年 5 月取得适航证,适于农业使用,可用柴油。

③ PT6A - 25C,主要用于 AAC A.10 教练机。

④ PT6A - 15AG/45R,"空中拖拉机"AT - 502/502A。

⑤ PT6A - 25A,派士公司 PC - 7"涡轮教练机"。

⑥ PT6A - 140,2012 年获得认证,赛斯纳大篷车 EX 飞机。

图 F - 16 所示为 PT6A - 140A 发动机。

图 F - 16　PT6A - 140A 发动机

进气装置:环形进气口位于发动机的后部,用酒精或惯性分离防冰。

压气机:3 级轴流式加 1 级离心式组合式压气机。离心压气机式带 26 片叶片的单面结构,用钛合金铸造。轴流式压气机为鼓盘式结构,转子叶片和整流叶片均为不锈钢制造。3 级静子叶片焊接在压气机机匣上,转子叶片榫接在压气机盘上。机匣和扩压器为整体的不锈钢焊接件。

燃烧室:回流形燃烧室。有 14 个单油路离心燃油喷嘴。一直到 PT6A - 34 的所有改型都有两个火花塞。

燃气发生器涡轮:1 级轴流式,有 58 片转子叶片。起飞转速为 38 000~39 000 r/min。

自由涡轮:大多数改型为 1 级轴流式。第 1 级为 41 片转子叶片,转子叶片带冠。自由涡

轮控制器由伍德沃德公司提供。对于 PT6A - 64/66/67 来说,起飞时自由涡轮的转速为
29 894~30 145 r/min。

排气装置:集气管装在自由涡轮轴外围,燃气通过两个水平排气口排出。

相关参数介绍如下:

最大起飞功率:1 178 kW(PT6A - 64)

最大连续功率:969 kW(44.9 ℃)(PT6A - 68A)

功重比(按起飞功率计算):3.47 kW/kg(PT6A - 41)

　　　　　　　　　　　　3.26 kW/kg(PT6A - 61)

　　　　　　　　　　　　4.40 kW/kg(PT6A - 65AG)

　　　　　　　　　　　　5.69 kW/kg(PT6A - 64)

　　　　　　　　　　　　4.20 kW/kg(PT6A - 65R)

总增压比:6.7(PT6A - 27)

　　　　　8.5(PT6A - 45)

　　　　　F.0(PT6A - 65)

最大直径:483 mm

F. 4. 2　WJ9

概况介绍:WJ9 发动机(见图 F - 17)是以涡轴 8A 涡轮轴发动机为基础改型设计的自由
涡轮式单转子涡轮螺旋桨发动机。其设计思想是最大限度地满足现有运 12 飞机的要求,用于
更换从加拿大进口的 PT6A - 27 发动机。此款发动机也可用于公务机、游览机以及海拔较高
的边防、山地和丛林特种飞行或飞行器。

图 F - 17　WJ9 涡轮螺旋桨发动机

生产现状:生产中。

特点:WJ9 发动机总体布置对置轴形式,自由涡轮后接带集气腔的排气管,再接定轴式星
形传动减速器。发动机的进气端与功率输出端位于发动机的两端。附件传动装置与发动机同
轴线位于发动机最前端,整个发动机呈一条直线,结构紧凑。采用单元体结构设计,保留了原
WZ8A 发动机的轴流压气机、燃气发生器和自由涡轮三个单元体。新设计了排气管、减速器

和附件传动机匣(带有滑油箱和进气道)三个单元体以及相应的各个系统。各单元体之间的静止件和转动件分别用螺栓和中心螺栓连接在一起,易于外场检修与更换。

进气装置:环形、径向进气,由铝合金整体铸造成形。通道面积呈收敛环形,使空气由径向进入转为轴向进入压气机。

减速器:两级斜齿定轴式星形简单传动。减速器位于发动机后部。减速比为 0.050 549,输出轴转速为 2 200 r/min,转向为顺航向顺时针方向。内部设有液压测扭机构。由发动机滑油系统供油润滑。

压气机:1 级跨声速轴流级加 1 级超声速离心机的组合式。轴流级由轴流整体叶轮及其后的整体精铸的双排整流器组成。轴流叶轮为钛合金锻件,盘和叶片多用多刀头整体铣削而成。

燃烧室:离心甩油环形折流式。火焰筒采用电子束打孔,全气膜发散冷却。火焰筒材料为 GH625。燃烧效率为 0.995。总温升为 514 ℃。

燃气发生器涡轮:2 级轴流式。机匣材料为 GH625,外表喷有耐热涂层。第 1 级导向器叶片空心气冷,采用 GH188 材料。第 2 级导向器用 K42A 整体精铸而成,转子叶片不带冠。第 1、第 2 级转子叶片为非冷却实心叶片分别采用 DZ22B 定向结晶和 K423A 制成。涡轮盘材料为 GH500。效率为 0.862。

自由涡轮:1 级轴流式。转子叶片不带冠,材料为 K418B,盘材料为 GH500,导向器材料为 GH625。效率为 0.849。起飞状态转速为 43 522 r/min。

相关参数介绍如下:

起飞功率(≤5 min,温度可到 ISA+6.7 ℃):507 kW

最大爬升功率(温度可到 ISA+6 ℃):462 kW

最大巡航功率(温度可到 ISA+6 ℃):462 kW

最大连续功率(温度可到 ISA+22 ℃):462 kW

起飞耗油率:0.359 kg/(kW·h)

最大爬升耗油率:0.364 kg/(kW·h)

最大连续巡航耗油率:0.371 kg/(kW·h)

最大巡航耗油率:0.364 kg/(kW·h)

功重比:3.02 kW/kg

空气流量:2.5 kg/s

总增压比:8.0

涡轮进口温度:1 057 ℃

极限涡轮进口温度:1 090 ℃

F.5　涡轮轴发动机

F.5.1　WZ8

概况介绍:WZ8 发动机(见图 F-18)是我国在法国阿赫耶涡轴发动机的基础上研制的一型直升机用涡轮轴式发动机,由中国南方航空动力机械公司生产的军民两用的发动机,主要用于直-9 系列直升机。该发动机除了极少数零件之外,所有原材料、毛坯和成、附件均立足于国内生产。在国产化过程中,新研制的 24 种金属材料、64 种非金属材料及 60 种锻、铸毛坯均通过了国家级或其他级别的评审鉴定,绝大多数国产化成、附件已通过鉴定或设计定型,整机国产化率目前已达 91%。图 F-19 所示为 WZ8 发动机剖视图。

图 F-18　WZ8 发动机

生产现状:生产中。

特点:该发动机采用组合式压气机和离心甩油环形折流燃烧室。全机专用零组件仅 650 个,标准件和外购件有 400 个,因而大幅减小了本公司的加工零件数。为简化检查、维修和更换流程;该机采用单元体结构,分为附件传动箱、轴流压气机、燃气发生

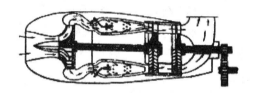

图 F-19　WZ8 发动机剖视图

器、自由涡轮及减速器等 5 个单元体。由单元体组装成整机只需 24 min,将发动机分解成单元体仅需 18 min。

WZ8 发动机主要型别如下:

① WZ8,直 9 双发直升机。

② WZ8A,直 9A 双发直升机。

③ WZ8D,直 11 军、民两用单发直升机。

④ WZ8E,直 9C 舰载反潜双发直升机。

压气机:由 1 级轴流级和 1 级离心级组成。跨声速轴流叶轮和超声速离心叶轮均采用 TC4 钛合金锻件经数控切削加工而成,叶片及轮盘为整体式结构。轴流级整流器内、外环及双排整流叶片精铸成一整体,离心级径向及轴向扩压器为一焊接组件。设计转速 51 000 r/min,绝热效率 0.782。

燃烧室:离心甩油折流式环形。启动喷嘴及低压高能电嘴装于燃烧室前部。火焰筒采用钴基 GH188 及镍基 GH625 合金板材经冲压焊接而成,内、外壁上用电子束打出 13 000 个直径 0.5～0.6 mm 小孔从而形成全气膜冷却。燃油先经喷射油道内 6 个孔道进行预分配后进入甩油盘,再经其上 12 个孔道甩入火焰筒主燃区。由于甩油压力极高,燃油雾化质量好,故燃烧效率可达 0.99。总压恢复系数 0.968。

燃气发生器:涡轮 2 级轴流式。不冷却。带枞树状密封型榫头的第 1 级转子叶片为定向凝固镍基 DZ22 合金精铸件,叶身采用低压等离子喷涂由 Ni、Cr、Al、Co、Y、Ta 等 6 种元素组成的涂料以提高其高温抗氧化性能。嵌入式第 2 级转子叶片采用仿 NK15CATD 精铸毛坯制成。两级涡轮盘均采用镍基 GH500 锻件,经机械加工而成。

自由涡轮:单级轴流式。用仿 NC13Adbc 合金精铸的转子叶片通过其枞树形榫头嵌入悬臂式自由涡轮盘上。自由涡轮导向器采用钴基及镍基的合金板材经冲压焊接而成。转速为 41 586 r/min。

减速器:2 级简单圆柱斜齿轮减速。减速比为 0.144 28。减速器将自由涡轮的转速 41 586 r/min 降至功率轴的转速 6 000 r/min。减速齿轮采用仿 E16NCD13 锻件,经机加工而成。减速机匣采用耐高温的铸铝合金毛坯制成。

传动机匣:通过锥齿轮及圆柱齿轮系传动各转动附件。功率轴前支点置于附件传动机匣内。WZ8/WZ8A/WZ8E 发动机通过功率轴向前输出全部轴功率,WZ8D 发动机(见图 F-20)则通过功率轴经自由涡轮到自由涡轮轴向前输出传动旋翼用的功率,同时向后输出传动尾桨用的功率。

图 F-20　WZ8D 发动机

排气装置:简单扩张式。WZ8 及 WZ8D 排气装置轴线均为水平,但长短有别;WZ8A 及 WZ8E 排气装置轴线向上翘约 30°。

控制系统:对自由涡轮转速调节。机械液压式燃油控制。

燃油系统:包括装于直升机上的燃油箱、辅助增压泵和燃油滤以及装于发动机上的燃油调节器、超转放油活门、增压活门和甩油盘等。供油压力 3432 kPa。燃油牌号 RP-1 和 RP-2。

滑油系统:由安装在直升机上的滑油箱、滑油散热器、滑油温度传感器及发动机上安装的滑油泵、滑油压力传感器、低压滑油压力开关、滑油滤、油滤堵塞指示器、测扭机构及磁堵等组成。供油压力 500 kPa。滑油耗量 0.2 kg/h。

启动系统:包括启动发电机、高能点火器、低压高能电嘴、启动喷嘴、启动供油电磁活门、启动放油活门和放气活门等。

相关参数介绍如下:

起飞耗油率:0.26 kg/(kW·h)

巡航功率:476 kW

功重比(5 min,起飞状态):5.74 kW/daN

起飞空气流量:2.48～2.50 kg/s

起飞涡轮前温度:1 037 ℃

宽度:411 mm

高度:609 mm

长度:1 166 mm

干质量:117 kg

F.5.2　LTS101 涡轮轴发动机

　　概况介绍:LTS101 涡轮轴发动机(见图 F-21)是阿芙科·莱康明公司(后为联信发动机公司,现为霍尼韦尔国际公司)于 20 世纪 70 年代初在 T53 和 T55 涡轮轴发动机基础上开发的一种低成本、高性能涡轮轴发动机。该发动机为多款直升机提供动力,其中包括 Bell222、空客 BK117、AS350 和中航工业直升机公司旗下的 AC311。至 2005 年,该发动机的总飞行时间超过 300 万小时。图 F-22 所示为 LTS101-750C 涡轮轴发动机。

图 F-21　LTS101 涡轮轴发动机

　　生产现状:停产。

　　特点:LTS101 也适用于地面和海上适用,如小艇、管道泵等动力装置。为使该发动机有市场竞争力,设计时特别强调低成本,不但制造成本低,而且维修成本也要低,同时又有很高的性能。因此在设计上尽量减少零部件数目。如选用高增压比的 1 级离心压气机,选择最佳叶

图 F-22　LTS101-750C 涡轮轴发动机

片造型,采用没有冷却的 1 级涡轮,使发动机结构简单、紧凑、性能好、成本低、质量轻。采用回流环形燃烧室,使燃烧室不但燃烧效率高、燃料消耗量低而且结构紧凑。采用两个支点、简单的封严装置和整体铸造部件。

进气装置:由进气道、惯性粒子分离器和 2 块蜗壳组成。2 块蜗壳夹在压气机进气机匣周围法兰盘上,盘上有一个销钉起周向定位作用。空气通过蜗壳径向进入进气道,然后转 90°进入轴流式压气机。从压气机引气供进气蜗壳防冰。

减速器:减速齿轮箱和附件齿轮箱装在同一机匣内。减速比 0.161,减速齿轮箱输出转速 6 000 r/min。减速齿轮箱由一个小的斜齿轮、两个不同直径的斜齿惰轮和一个输出齿轮组成。减速器上装有超越离合器。

压气机:1 级轴加 1 级离心的组合式。从 2004 年起,轴流转子为整体锻造。铝制压气机机匣,前端与齿轮箱机匣相连接,后端与离心压气机机匣相连。压气机静子在两个凸缘之间,离心压气机加下后端与扩压器相连。

燃烧室:回流环形。8 个雾化燃油喷嘴设在后端面。1994 年改进了燃油总管。双路点火系统。

相关参数介绍如下:

最大起飞功率:462 kW(LTP 101-600A-1A)
　　　　　　522 kW (LTP 101-700A-1A)

最大连续功率:436 kW(LTP 101-600A-1A)

起飞耗油率:0.331 kg/(kW·h)(LTP 101-600/600A-1A)
　　　　　0.335 kg/(kW·h)(LTP 101-700)

功重比:3.21 kW/daN(LTP 101-600A-1A)
　　　　3.50 kW/daN(LTP 101-700)

空气流量:2.31 kg/s(LTP 101-600)

总增压比:8.5(LTP 101-600)

直径:592 mm(LTP 101 - 600A - 1A/700)
长度:914 mm(LTP 101 - 600A - 1A)
   949 mm (LTP 101 - 700)
干质量:147 kg(LTP 101 - 600A - 1A)
   152 kg(LTP 101 - 700)

F.6　桨扇发动机

以下就 D - 27 桨扇发动机进行介绍。

概况介绍:D - 27(见图 F - 23)是 20 世纪 80 年代中期苏联伊夫琴科"进步"设计局(现乌克兰扎波罗什伊夫琴科"进步"机器制造设计局)为飞行速度 800 km/h 的运输机设计的桨扇发动机,用作中型运输机安-70/70T、别-42 和安-180 的新一代动力装置,是目前世界上唯一投入使用的桨扇发动机。与现役涡扇发动机相比,装备 D - 27 桨扇发动机可显著提高飞机的起降性能和飞机翼面升力,使耗油率降低 25% ~ 30%。发动机热效率为 37%。

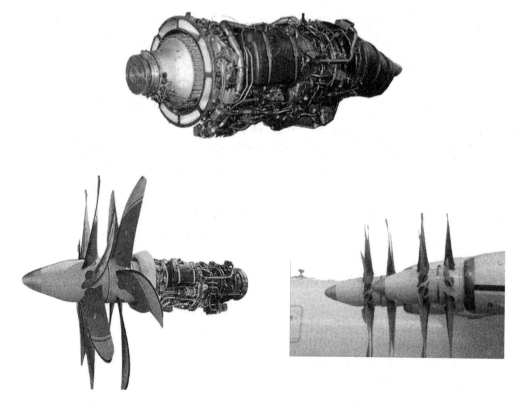

图 F - 23　D - 27 发动机

生产现状:生产中。

特点:燃油效率相比涡扇发动机的更高;双转子结构的压气机级数少,最后 1 级为离心式;燃烧室温度高,出口温度分布均匀;涡轮转子叶片、高压涡轮盘和导向器采用冷却技术,叶片为气膜对流冷却,而涡轮盘用空气从内部进行冷却。D - 27 发动机可视情维护,安装了先进的检测装备,可以对 26 个发动机参数和 40 个双态信息进行连续的鉴定和故障识别,并将信息传送到驾驶舱显示器上。内置传感器也能传递有关发动机的参数。另外,还设计了新的减速齿轮箱,它是将新技术与 AI - 20 和 AI - 24 发动机的减速器结合在一起的产物,其单位功率在现有发动机中是独一无二的。

桨扇:两排对转的 SV - 27 桨扇,由 Aerosila 公司研制,直径 4.5 m。桨叶前缘呈弯刀形,设有电防冰条和防磨涂层。这种桨扇在高速巡航时的效率高,噪声小。起飞转速为 1 000 r/min,巡航转速为 850 r/min。

低压压气机:5 级轴流,进口导向叶片和前面两级静子叶片可调。

高压压气机:2 级轴流加 1 级离心组合式,完全突破过去的传统。

燃烧室:环形。火焰筒头部径向向外偏斜,呈倒锥状。空气从绕火焰筒外周的高压压气机扩压器进入。排放物低于国际民航组织的标准。燃油喷嘴对角分布,转折 90°进入燃烧室。两个径向高能点火器。

高压涡轮:1 级轴流式,带气冷单晶叶片。转子叶片的冷却方式为气膜加对流。

低压涡轮:1 级轴流式。

自由涡轮:4 级轴流式。通过长套轴传动两级行星减速器。减速器有对转输出轴。带推力计。

尾喷管：固定面积喷口。喷口向下倾斜。

相关参数介绍如下：

最大起飞状态功率(国际标准大气):10 439.8 kW

最大巡航状态功率($H=11\ 000$ m,$Ma=0.7$):5 033.5 kW

最大起飞推力:11 910 daN

起飞状态耗油率:0.228 kg/(kW·h)

巡航状态耗油率:0.175 kg/(kW·h)

功重比:4.54 kW/kg

桨扇效率:0.9

涡轮进口温度:1 392 ℃

压气机增压比:22.9(起飞),29.7(巡航)

干质量:1 650 kg(无风扇),2 300 kg(带桨扇)

部分习题参考答案

第4章

习题 1.

解:已知 $q_{mg}=q_{ma}$

又在地面试车台:$V_0=0$ m/s

则推力公式为

$$F=q_{ma}(V_5-V_0)+(p_5-p_0)A_5$$
$$=50.7 \text{ kg/s} \times 538 \text{ m/s} + (135\ 822 \text{ Pa} - 101\ 322 \text{ Pa}) \times 0.152 \text{ m}^2$$
$$=32\ 521 \text{ N}$$

习题 2.

解:已知:$V_0=260$ m/s;$V_5=610$ m/s,则

可用功:
$$L=\frac{V_5^2-V_0^2}{2}=152\ 250 \text{ J}$$

推进功:
$$L_p=(V_5-V_0)V_0=91\ 000 \text{ J}$$

推进效率:
$$\eta_p=\frac{L_p}{L}=59.77\%$$

第6章

习题 1.

解:已知:$V_0=936$ km/h$=260$ m/s;$V_5=610$ m/s,则

可用功:
$$L=\frac{V_5^2-c_0^2}{2}=152\ 250\text{J}$$

推进功:
$$L_p=(V_5-V_0)V_0=91\ 000 \text{ J}$$

排气动能损失:
$$E_k=\frac{(V_5-V_0)^2}{2}=61\ 250 \text{ J}$$

推进效率:
$$\eta_p=\frac{L_p}{l}=59.77\%$$

习题 2.

解: 已知:$V_0=936$ km/h$=260$ m/s;$L=152\ 250$ J

对内涵道：

可用功：
$$L_1 = L/2 = 76\ 125\ \text{J}$$

则
$$V_{91} = \sqrt{2 \cdot L_1 + V_0^2} = 468.88\ \text{m/s}$$

推进功：
$$L_{p1} = (V_{91} - V_0)V_0 = 54\ 309\ \text{J}$$

排气动能损失：
$$E_{k1} = \frac{(V_{91} - V_0)^2}{2} = 21\ 815\ \text{J}$$

由于可用功均匀分配给内外涵气流，因此外涵道推进功和排气动能损失与内涵道相同。

对涡扇发动机：

推进功：
$$L_p = 2 \times L_{p1} = 108\ 618\ \text{J}$$

排气动能损失：
$$E_k = 2 \times E_{k1} = 43\ 630\ \text{J}$$

推进效率：
$$\eta_p = \frac{L_p}{L} = 71.34\%$$

参考文献

[1] 董彦非. 航空动力装置[M]. 北京:中国民航工业出版社,2020.

[2] 董彦非,李继广. 固定翼无人机技术[M]. 西安:西安电子科技大学出版社,2021.

[3] 董彦非,黄明,李瑞琦. 通用航空发动机发展综述[J]. 西安航空学院学报,2017,35(5):8-13.

[4] General Aviation Manufactures Association. GAMA Annual Report 2019 and 50th Anniversary Edition. https://gama. aero/facts-and-statistics/statistical-databook-and-industry-outlook.

[5] 丁发军. 航空活塞式发动机及其修理技术[M]. 成都:西南交通大学出版社,2015.

[6] 曲景文,张继超,刘明. 世界通用飞机[M]. 北京:航空工业出版社,2014.

[7] 陈光,洪杰,马艳红. 航空燃气涡轮发动机结构[M]. 北京:北京航空航天大学出版社,2010.

[8] 刘大响,陈光. 航空发动机——飞机的心脏 [M]. 2 版. 北京:航空工业出版社,2015.

[9] 张书刚,郭迎清,陆军. 基于 GasTurb/MATLAB 的航空发动机部件级模型研究[J]. 航空动力学报,2012,12(27):2850-2856.

[10] 吴志琨,李军,时瑞军. 多电航空发动机研究现况及关键技术[J]. 航空工程进展,2012,3(4):463-467.

[11] 王云. 航空发动机原理[M]. 北京:北京航空航天大学出版社,2009.

[12] 方昌德. 航空发动机的发展历程[M]. 北京:航空工业出版社,2007.

[13] 张宝诚. 航空发动机试验和测试技术[M]. 北京:北京航空航天大学出版社,2005.

[14] 刘长福,邓明. 航空发动机结构分析[M]. 西安:西北工业大学出版社,2006.

[15] 廉筱纯,吴虎. 航空发动机原理[M]. 西安:西北工业大学出版社,2005.

[16] 邓明. 航空燃气涡轮发动机原理与构造[M]. 北京:国防工业出版社,2008.

[17] 王有隆. 航空仪表[M]. 成都:西南交通大学出版社,2001.

[18] 樊思齐. 航空发动机控制(上、下)[M]. 西安:西北工业大学出版社,2008.

[19] 胡晓煜. 罗尔斯·罗伊斯公司引领未来多电发动机技术[J]. 中国民用航空,2003,(33):60-62.

[20] 严传俊,范玮. 脉冲爆震发动机原理及关键技术[M]. 西安:西北工业大学出版社,2005.

[21] 刘大响. 对加快发展我国航空动力的思考[J]. 航空动力学报,2001,16(1):1-7.

[22] 夏飞,黄金泉,周文祥. 基于 MATLAB/SIMULINK 的航空发动机建模与仿真研究[J]. 航空动力学报,2007,22(12):2134-2138.

[23] Parker K, Guo T H. Development of a turbofan engine simulation in a graphical simu-

lation environment[R]. NASA/TM-2003-212543,2003.

[24] 李军伟,郭迎清,袁小川. 某型涡扇发动机分段线性化模型的建立[J]. 计算机仿真,2007,24(12):37-40.

[25] Kumar A, Viassolo D. Model-based fault tolerant control[R]. NASA/CR-2008-215273, 2008.

[26] 陆军,郭迎清,王斌正. 基于 RTWEC 的控制算法自动代码生成技术[J]. 航空动力学报,2008,23(6):1131-1134.

[27] 陆军,郭迎清,王海泉. 基于快速原型化的数控系统实时仿真平台研制[J]. 计算机测量与控制,2009,17(6):1098-1101.

[28] 乞征,向克胤,刘彦雪. 涡轴发动机技术发展研究综述[J]. 飞航导弹,2016(7):83-86

[29] 林左鸣. 世界航空发动机手册[M]. 北京:航空工业出版社,2012.

[30] Klause Hunecke. Jet Engines:Fundamentals of theory, design and operation[M]. [S. l.]:The Crowood Press Ltd,1997.

[31] Rolls-Royce. The Jet Engine[M]. [S. l. :s. n.]1996.

[32] 周盛. 航空螺旋桨与桨扇[M]. 北京:国防工业出版社,1994.

[33] 刘陵. 超声速燃烧与超声速燃烧冲压发动机[M]. 西安:西北工业大学出版社,1993.

[34] Drummond C K, Follen G J, Putt C W. Gas turbine system simulation:An Object-Oriented approach, N93-25673,1992.

[35] Drummond C K, Follen G J, Cannon M. Object-Oriented Technology for Compressor Simulation, AIAA No. 94-3095, 1994.

[36] Curlett B P, Felder J L. Object-Oriented Approach for Gas Turbine Engine Simulation, NASA-TM-106970, 1995.

[37] Curlett B P, Hass A R, Naylor B A. Adaptive Graphical User Interface Framework for Object-Oriented System Simulation,NASA-TM-106970, 1995.

[38] Reed J A, Afjeh A A. Java-based Interactive Graphical Gas Turbine Propulsion System Simulator, AIAA paper 97-0233, January 1997.

[39] Reed J A, Afjeh A A. An Extensible Object-Oriented Framework for Distributed Computational Simulation of Gas Turbine Propulsion Systems, AIAA paper 98-3565, July 1998.

[40] Reed J A, Afjeh A A. Computational simulation of gas turbine:Part I-foundation of component-based models, ASME 99-GT-346, June 1999.

[41] Reed J A, Afjeh A A. Computational simulation of gas turbine:Part II-Extensible domain frame work, ASME 99-GT-347, June 1999.

[42] Evans A L, Follen G, Naiman C, et al. Numerical Propulsion System Simulation's National Cycle Program, AIAA-98-3113,1998.

[43] 谢志武,陈德莱,翁史烈. 面向对象的燃气涡轮机仿真建模:综述与展望[J]. 热能动力工程,1998,76(12):243-246.